高职高专环境艺术专业规划教材

室内陈设设计与环境艺术

刘子裕　刘卫军　杨汉立　编著

清华大学出版社
北　京

内 容 简 介

　　本书选用经典范例对室内设计发展的历史沿革、设计分类、设计原则与现代环境艺术、设计空间运用等内容进行了分析。力求多方位、多样化、多角度地对室内陈设艺术设计进行阐述，以培养学生广阔的欣赏视野和创造性思维能力。书中用直接的且具有视觉冲击力的案例图片，来佐证室内陈设艺术设计对现代设计教育领域的重要性和它在现代人生活中的实用价值，供大家学习和借鉴。

　　本书适合作为高职高专环境艺术专业的教材，也可作为艺术设计类其他专业的教材，还可以供广大艺术设计人员参考阅读。

本书封面贴有清华大学出版社防伪标签，无标签者不得销售。

版权所有，侵权必究。侵权举报电话：010-62782989　13701121933

图书在版编目(CIP)数据

　　室内陈设设计与环境艺术/刘子裕，刘卫军，杨汉立编著. --北京：清华大学出版社，2018（2020.9重印）

　　高职高专环境艺术专业规划教材

　　ISBN 978-7-302-49386-0

　　Ⅰ. ①室… 　Ⅱ. ①刘… ②刘… ③杨… 　Ⅲ. ①室内布置—设计—高等职业教育—教材 　②室内装饰设计—高等职业教育—教材 　Ⅳ. ①J525.1②TU238.2

　　中国版本图书馆CIP数据核字(2018)第014913号

责任编辑： 陈冬梅　李玉萍
装帧设计： 王红强
责任校对： 周剑云
责任印制： 杨　艳

出版发行： 清华大学出版社
　　　　　　网　　　址：http://www.tup.com.cn, http://www.wqbook.com
　　　　　　地　　　址：北京清华大学学研大厦A座　　　　　邮　　编：100084
　　　　　　社 总 机：010-62770175　　　　　　　　　　　邮　　购：010-62786544
　　　　　　投稿与读者服务：010-62776969, c-service@tup.tsinghua.edu.cn
　　　　　　质量反馈：010-62772015, zhiliang@tup.tsinghua.edu.cn
印 装 者： 北京鑫丰华彩印有限公司
经　　销： 全国新华书店
开　　本： 190mm×260mm　　**印　张：** 10.25　　**字　数：** 249千字
版　　次： 2018年5月第1版　　　　　　　**印　次：** 2020年9月第2次印刷
定　　价： 48.00元

产品编号：057773-01

追忆人类社会，从原始洞穴陋居的山顶洞人到有了干阑式建筑的河姆渡人，乃至今天使用摩天之现代建筑的当下；从生存需要就地选取和利用坑台座石而栖，到创造具有陈设意义、装饰美感家具的家居环境，从中不难看出，人们对舒适、温馨的家庭居所和完美、和谐的社会环境的追求充斥了整个历史的发展过程。

当今室内环境设计不仅仅是一种艺术，更是一种生活的态度，态度决定了生活，在把艺术融入生活的过程中，美不是最关键的，生活内容才是。随着现在业界"轻装修，重装饰"的设计观念的转化，室内装饰设计装修市场渐趋成熟，装饰装修也渐趋理性，人们开始摒弃固有的观念，并重新审视传统装修中的实用性以及装饰的目的和意义，使得室内陈设艺术设计这种能够满足业主"心理需求"的学科的重要性大大提高。由此可见，人们把营造高品质的家居空间和商业空间摆在十分重要的位置上。追求有品位、有个性的生活环境成为一股热潮。室内陈设艺术设计的运用，是在室内装饰的艺术处理的基础上对环境艺术空间的第二次延伸，俗称第二次装饰。因此，专业的室内陈设设计的作用尤为重要。

本书立足于高职艺术教育，从人才培养的目的出发，力求全面、系统地阐述室内陈设设计。本书既阐明了室内陈设的发展轨迹以及室内陈设从实用性到装饰性的形成，更重点解析了室内陈设设计从家居到各类公共空间的运用，以及陈设品从选择到布置的方法。全书共分5章：第1章，室内陈设艺术设计概述；第2章，室内陈设艺术风格和流派；第3章，室内陈设艺术设计的概念；第4章，室内陈设艺术品的选择与设计流程；第5章，室内陈设艺术设计空间的运用。书中精选了很多优秀的室内装饰案例，供大家学习交流与欣赏。

编者从事高职室内设计专业教育多年，从最初的模糊概念，一路摸索过来，终于总结出一些关于室内环境设计与应用的经验。在实践工作中，对不同的设计风格运用与众不同的表现角度和表现手法，并从理论上进行了阐释，力图使本书更具实用性、合理性，不走别人的老路，力图创新，才是本书写作之根本。

"取法乎上，得乎其中"，但愿这本教材能够对读者有所启迪和帮助！

诚挚地感谢清华大学出版社及各位编辑为本书付出了辛勤劳动，本书才得以顺利出版。本书在编写过程中借鉴、吸取了同道专家的研究成果，恕未一一注明，在此一并感谢！

编　者

Contents 目录

目录

Contents

第 1 章

室内陈设艺术设计概述

课程目标

　　本章为概论部分，主要介绍室内陈设设计的发展进程、基本定义与作用、室内陈设品的分类与陈设原则以及当代室内陈设设计的主流风格等。

教学重点

　　陈设与室内设计的关系，陈设在室内设计中的地位与作用。

教学难点

　　陈设在室内设计中的地位与作用。

学　　时

　　理论课时：4课时；实训课时：2课时。

01

1.1　室内陈设艺术设计的概念

1.1.1　概念

　　室内陈设设计 (Interior Ornament or Decoration)，是指对室内空间中的各种物品的陈列与摆设。在室内设计的过程中，设计者根据环境特点、功能需求、审美要求、使用对象要求、工艺特点等要素，精心设计出高舒适度、高艺术境界、高品位的理想环境。陈设品的范围非常广泛，形式也多种多样，概括起来就是对室内环境以及陈设之物进行二次设计和加工、强化，是生活艺术视觉传达方式的重要途径。

　　室内陈设艺术设计的任务可以从两大方面进行阐述，一是更好地满足对空间环境的使用功能要求，即功能性需求；二是更好地衬托室内气氛，强化室内设计的风格，即装饰性需求。因此，室内陈设艺术设计要求设计出能体现一定文化内涵与装饰风格的室内空间，以满足人们对工作、休闲娱乐与居住空间的物质需求与精神需求，如图 1-1 所示。

图 1-1　室内陈设装饰

1.1.2　性质与目的

1. 性质

根据空间使用性质的不同，室内陈设艺术设计可分为住宅环境室内陈设艺术设计和公共环境室内陈设艺术设计两类。

(1) 住宅环境室内陈设艺术设计对象包括独立户住宅、别墅、普通公寓等，它的主要目的是根据居住者的住宅环境空间、性格爱好等，进行相适应的陈设艺术设计，为家庭塑造理想温馨的环境，如图 1-2 所示。

图 1-2　现代新中式禅意风格

(2) 公共环境室内陈设艺术设计对象非常广泛，包括除了住宅以外所有建筑物的内部空间，如餐饮空间、娱乐空间、办公空间、酒店空间和会所空间等，如图 1-3 和图 1-4 所示。

图 1-3　现代办公空间陈设设计　　　图 1-4　现代休闲娱乐空间陈设设计

2. 目的

室内陈设艺术设计的目的包括物质需求和精神需求两方面。

(1)"物质需求"的基本内容包含自然的和人为的生活要素，它以能使人们获得健康、安全、舒适、便利的空间环境为主要目的，重在"实用性"和"经济性"。

(2)"精神需求"是室内陈设艺术设计的重点，它以精神品质、性灵和视觉传递方式的生活内涵为基本领域。室内陈设艺术设计要重视室内环境中的两个建设："物质建设"和"精神建设"。要灵活运用四个性能：实用性、经济性、艺术性以及个性。

极简主义装饰的选材与搭配上需控制在不多不少范围之内，又称最低限度艺术。这种风格以简约整洁的视觉效果，给人以优雅的品位和至高的思想境界，其由圆形、三角形与方形等几何形组成，如图 1-5 所示。

图 1-5　极简现代构成主义陈设设计

1.2　室内陈设艺术设计的地位和作用

1.2.1　室内陈设艺术设计的地位

从许多考古文物中可以得知陈设艺术的历史。中国距今 8000 多年前磁山文化和仰韶文化时期的陶器上装饰有明快醒目的黑陶彩纹样，从中我们可以断定，那个时期便已经出现了陈设品；在国外，从古埃及文明时期精美的壁画、家具以及精致的雕刻可以得知，那时已经开始了陈设艺术，如图 1-6 ～图 1-9 所示。

图 1-6　仰韶文化彩陶

图 1-7　马家窑文化彩陶

图 1-8　磁山文化陶人

图 1-9　磁山文化玉人头饰

时代的发展使陈设活动逐渐与艺术相结合，人类用智慧和双手创造了高度发达的工业文明，却又常年淹没在一种庞大冷漠的工业化大生产的人造环境中，到处是钢筋混凝土筑成的摩天大楼，单调划一的住宅群……于是，人们开始关注身边的环境，并借助于室内环境的改善以冲淡和柔化工业文明带来的冷酷感，借此抚慰人心。不论时代如何发展变化，陈设品始终以表达一定的思想内涵和精神文化为着眼点，并起着其他物质功能无法替代的作用，它对室内空间形象的塑造、气氛的表达、环境的渲染起着锦上添花、画龙点睛的作用，是完整的室内空间必不可少的内容，因此陈设品的展示必须与室内其他物件相互协调、配合，不能孤立存在，如图 1-10 所示。

图 1-10　现代居家室内陈设装饰

室内陈设对室内设计的成功与否有着重要的意义。其一，陈设之物之于室内环境，犹如公园里的花草树木、山、石、小溪、曲径、水榭是赋予室内空间生机与精神价值的重要元素。其二，如果没有陈设品室内空间就是不完整的空间，好比一个人仅有骨架没有血肉的躯体一样，是不完善的。其三，室内陈设物品与室内其他物件应相互协调、配合、影响，使室内空间显得更加有个性、有品位。可见室内陈设艺术在现代室内空间设计中占据重要的位置，同时它对现代室内空间设计也起到很大的作用。

1.2.2　室内陈设艺术设计的作用

室内陈设艺术在现代室内设计中的作用主要体现在如下 5 个方面。

(1) 创造温馨和谐的环境意境烘托室内气氛。

气氛是内部空间环境给人的总体印象。不同文化的差异使得人与人之间的喜好不同。在建筑学中有"东方尚木，西方尚石"之说。东方人对木材质构架比较亲切，原因之一就是石性材质使人感觉冷漠，而木材质可以改善室内环境，使人感到温暖、柔和，如图 1-11 所示。

图 1-11　东方风格内部空间环境

意境是内部环境所要集中体现的某种思想和主题。与气氛相比较，意境不仅被人感受，还能引人联想，给人启迪，是一种精神世界的享受，好比人读了一首好诗，随着作者走进他笔下的某种意境，如图 1-12 所示。

图 1-12　新中式餐厅风格陈设装饰

如图 1-13 所示，室内雕梁画栋，柱上涂红漆画金龙，墙壁挂毡毯和毛皮、丝质帷幕。使用许多贵重材料，如黄花梨、酸枝、紫檀、楠木和各种色彩的琉璃，其工艺可谓巧夺天工，令人叹为观止。

图 1-13　雕梁画栋装饰

在中国民间，家具大都采用成组成套的对称形式，以临窗迎门的桌案为布置中心，配以成组的几椅。柜、厨、书架也多为成对的对称摆列，力求整齐划一。陈设品的摆列多取平衡格局，利用体型、色彩质感造成一定的对比效果。其中，书画、挂屏、文玩、器皿、盆景等陈设品又都具有鲜明的色彩和优美的造型，与褐色家具相配合，形成一种庄重大气之美，其中极具代表性的有北京的四合院和江南的私家园林，如图 1-14 所示。

北京四合院

苏州沧浪亭

苏州园林

上海豫园

图 1-14　北京的四合院和江南的私家园林

　　江南私家园林以苏州、扬州、无锡、镇江、杭州等地的园林为代表。明清时期，苏州封建经济文化发展达到鼎盛阶段，造园艺术也趋于成熟，出现了一批园林艺术家，造园活动达到高潮。苏州园林以其精雕细琢的设计，折射出中国文化中取法自然而又超越自然的深邃意境，其中的狮子林、拙政园、留园、网师园、沧浪亭被联合国教科文组织列入"世界文化遗产"名录。

　　(2) 丰富空间层次，创造二次空间。

　　室内空间环境的设计由各种不同元素构成，我们把墙面、地面、顶面围合的空间称之为一次空间。这是因为它们在一般情况下很难改变其形状，除非将它们进行改建，而利用室内陈设物分隔空间就是首选的好办法。我们把这种在一次空间内划分出的可变空间称之为二次空间。在室内设计中利用家具、绿化、字画、工艺品、地毯等这些陈设物品创造出的二次空间，可以使空间的功能更趋合理，富有层次感，更能为人所用。例如在设计大空间办公室时，不仅要从实际情况出发，合理安排座位，还要合理地分隔组织空间，从而满足不同的需要，如图 1-15 所示。

图1-15 新中式装饰

(3) 柔化装饰空间，调节室内环境色调。

随着现代工业文明的快速发展，传统的建筑被大量的拔地而起的钢筋混凝土住宅群所取代，生冷、沉闷的气息打破了原有的居住环境，于是人们迫切需要一种可以改变这种感觉的东西，而软装陈设（植物、瓷器、工艺品、纺织品）逐渐成为人们的首选，这些陈设品可以起到柔化室内空间、改善环境以及增添空间情趣的作用。一般的室内空间可以通过陈设品的配置来达到舒适美观的效果，陈设品可以有效地协调室内环境色调，是室内环境色调构成的重要元素。由于陈设品一般都具备外形美观、色彩靓丽的特点，因此是室内环境中的亮点之一，如图1-16所示。

图1-16 温馨浪漫的田园风格

(4) 强化室内环境风格。

有什么样的历史，就会产生什么样的陈设文化，陈设艺术品其实就是人类历史文化发展的缩影。在漫长的历史进程中，不同时期的文化赋予陈设艺术不同的内容，也造就陈设艺术多姿多彩的艺术特性，如古典风格、现代风格、中国传统的乡村风格、朴素大方的风格、豪华富丽的风格，等等。陈设品的合理选择对室内环境风格起着强化的作用。室内空间装饰、语言符号等手法互相结合。既满足了人们对不同风格的偏爱和个性化的追求，又使传统理念与现代工艺进行结合相得益彰，强化了室内装饰效果，改善了对室内环境的需求。如图 1-17 所示。

图 1-17　后现代室内装饰

（5）室内陈设可以凸显个性，陶冶个人情操。

室内陈设的应用体现出设计师和业主的审美取向，特别是从对陈设品的选择中可以看出他们的个性、爱好、文化修养以及审美取向等追求个性化是人们生活需求的一部分，而通过室内陈设品的选择可以有效地满足这种需求。比如，如果室内采用的是中式风格，那么在陈设品的配置上根据需要可添置吉祥图案、奇石、根雕、书画等，如图 1-18 所示。

图 1-18　现代简约中式装饰

总之，陈设艺术作为现代室内设计的重要组成部分，其范畴很宽，我们只有充分认识到陈设艺术的作用，才能够吸取陈设元素的精华，提炼陈设功能的独特风格内涵，更好地服务于现代室内陈设艺术。

1.3　室内陈设艺术设计的发展趋势

1.3.1　室内陈设艺术设计发展历史

1. 国外室内陈设艺术设计发展历史

(1) 古埃及文明时期：出现了精美的壁画、少且轻便的家具、精致的雕刻艺术品。

(2) 古希腊罗马时期：明媚、浓艳与精美、雕塑、杯盘、陶器瓶和质地柔软的纺织装饰陈设艺术品。

(3) 中世纪时期：出现了拜占庭波斯王朝特色的色彩斑斓的马赛克、纺织品。

(4) 哥特时期：尖券、束柱、基督教题材的绘画等元素出现在家具样式和室内陈设帷幔装饰中。

(5) 文艺复兴时期：高超的绘画艺术、以人为本的室内陈设理念。

(6) 巴洛克时期：精神意念上的浪漫主义风格，室内陈设大量镶金镀银，追求感官奢华。

(7) 洛可可时期：室内陈设显现出更多柔媚、温软、纤巧、细腻甚至琐碎，具有女权色彩及浓郁的脂粉味。

(8) 20 世纪初：出现了技术、新工艺、新材料、新理念，如赖特的"有机建筑"、格罗皮乌斯包豪斯学院、勒·柯布西耶粗野的原生态风格、密斯·凡·德罗的"少就是多"。

(9) 21 世纪：现代主义简约的空间与装饰艺术手法有机结合，出现了以绿色、生态、环保为主题的现代设计与装饰主流。

2. 中国传统建筑室内陈设艺术设计发展历史

(1) 距今 8000 多年前：磁山文化、仰韶文化时期，出现了在陶器上装饰明快醒目的黑陶彩纹样陈设品，这便是中国最早的陈设艺术品，如图 1-19 所示。中国的室内陈设艺术最早可以追溯到距今 10 万年前的旧石器时代晚期。

图 1-19　仰韶文化在陶器上装饰图案

（2）距今 7000 多年前：玉石用作装饰陈设品，江苏溧阳神墩遗址距今 6000～7000 年的新石器时代马家浜文化时期的玉器，如图 1-20 所示。

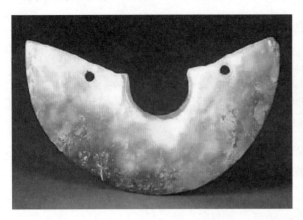 

图 1-20　马家浜文化时期的玉器

（3）商代：青铜器制作精美，品种多样开始成为陈设艺术品，如图 1-21 所示。

（4）东周至秦汉：漆器外观华美、形状轻便，漆器工艺发展到高峰，漆器还成为具有精神功能的陈设艺术品，如图 1-22 所示。

图 1-21　商代青铜器　　　　图 1-22　秦汉时期彩绘蟠虺纹漆衣陶
　　　　　　　　　　　　　　　　　　　　　（盖豆口径 20cm，通高 34cm）

（5）南北朝、唐：西方金银器皿和玻璃器皿以及绢、纱、罗、绮等织物开始应用，并使用各种椅子和高桌陈设艺术品，如图 1-23 所示。

（6）明代（黄金时代）：器物精美绝伦，民间工艺美术开始广泛发展，漆饰家具和硬木家具品种繁多，注重实用、舒适；色泽协调沉静，简洁；具有质朴、典雅的书卷气息，匀称的造型，清秀的线条，如图 1-24 所示。

(7) 清代（黄金时代）：注重陈设效果，整体造型厚重，强调形体的装饰美，陈设艺术品透出绚丽、豪华、烦琐的富贵气派，如图 1-25 所示。

图 1-23　南北朝时期银壶

图 1-24　明代家具陈设装饰

01

图 1-25　清代建筑艺术

1.3.2　现代室内陈设艺术的发展趋势

现代意义的室内陈设艺术在近几年随室内设计的逐渐成熟而被人们所重视。现代装饰材料推动着陈设艺术的前行，现代室内设计的创造手法突破现代陈设的旧俗，转为"一切皆为我用"。相继出现了专门从事室内陈设实务的设计公司，在室内陈设设计的实践应用上作出了有益的探索，同时出现了一些介绍室内陈设设计的专业网站，但从系统性与理论研究上来看，我国的室内陈设设计还处于摸索和起步阶段。

1. 室内陈设的功能发生转变

室内陈设艺术功能将随着社会的发展发生改变。

(1) 现代装饰材料的使用，使人们可以随时感知不同时段的思维以及情绪的波动，如室内采用数码可以控制聚合物材料，地板和墙纸的纹样可以通过各种方式重新组合拼组，从而满足人们的精神需求；家具、电器人工智能化；窗户可随室外光线的方位不同而自动调节，等等。

(2) 家具多功能与智能化决定了陈设设计的走向。随着科技时代的进步，艺术化的家具功能日益多样化，并受到越来越多人的青睐。装饰性陈设物品已走上当今室内陈设的舞台。根据调查数据统计，中国将会替代日本，成为世界奢侈品消费第一的国家。

(3) 现代陈设艺术将衍生一个新兴行业。人们的消费观念发生了很大变化，越来越多的人注重对传统、自然的回归，室内陈设品的设计发展及使用的需求量将不断增大，人们在追求物质消费的同时，精神需求将会远远大于物质需求，室内陈设能够满足并更符合人们的生活和心理需求，从而推动了陈设行业的发展。

室内陈设艺术设计从古至今，总是在随着人类社会文明的进程而不断发展，随着社会审美情趣的变化而变化。现代家庭室内设计在满足视觉、听觉、体感、触觉、嗅觉等多方面的需求外，还升级至从家具造型到陈设挂件、从采光到照明、从室内到室外来重视整体布置，创造一个共享空间，以满足不同经济条件和文化层次的人的生活与精神的需要。所以在室内设计中，无论是家庭还是公共场所，都必须考虑与室内设计有关的基本陈设元素来进行室内设计与装饰。

从长远来看，居室环境消费是一个巨大的消费市场，随着时代的发展，人们的使用需求与生活品位在不断改变，促使室内陈设的功能从形式到实质发生转变，室内陈设艺术不单是对室内家具及其他物品进行组织与摆放，从装饰点缀室内空间、丰富视觉效果到塑造环境的品质与性格，创造出理想、值得人们赞叹的人居环境是室内陈设艺术设计的终极目标，如图1-26所示。

图1-26 色彩明快的商业装饰空间

2. 突出室内空间风格

现代室内陈设艺术设计将更注重突出室内空间风格，如图 1-27 所示。

3. 调节室内环境的色调

现代室内设计将更注重通过调节室内环境的色调来体现装饰的风格，如图 1-28 所示。室内空间色彩很大一部分由陈设品本身色彩来决定的，在处理手绘上应把握好色调的统一与协调。陈设品的千姿百态造型和丰富的色彩应用，赋予了室内空间新的生命力，使环境由此而优雅。

图 1-27 欧美奢华风格装饰

图 1-28 色彩靓丽的空间装饰

4. 体现室内环境的地域特色

许多陈设品的内容、形式、风格都体现了地域文化的特征。因此，当室内设计需要表现特定的地方特色时，就可以通过陈设设计来满足特定地域文化的生活形态，如图 1-29 所示。

日式装饰风格直接受日本和式建筑风格影响，讲究空间的流动与分割。装饰效果给人优雅、清洁、有较深的几何立体感，深邃禅意为最高境界。

5.反映个体的审美取向

通过陈设品的布置，可以反映个体的审美取向，如图1-30所示。格调高雅新中式古典风格布置营造出怡情悦目的文化内涵。因此，对陈设品选择与布置体现了一个人的职业特征，修养与品位。

图1-29　日式装饰风格 　　　　　　　　　图1-30　新中式古典风格

 课堂小结

通过学习室内陈设设计的发展进程、基本定义与作用、室内陈设品的分类与陈设原则以及当代室内陈设设计的主流风格等，读者对室内陈设设计有了一个新的认识。随着"轻装修，重装饰"观念的兴起，越来越多的人开始重视室内陈设的装饰功能，因此学好室内陈设设计具有积极的作用和意义。

 作业布置

1.厘清陈设的发展顺序，在生活中找到有关不同风格的陈设品，标注名称、规格、价格及产地等，并制作成PPT。

2.阅读有关陈设设计的书籍并对相关图片进行赏析。

第2章

室内陈设艺术风格和流派

课程目标

　　通过本章的学习，使学生了解室内陈设设计的风格特征（知识目标），掌握不同室内陈设设计的风格特征及在家装中的运用（能力目标）。

教学重点

　　厘清室内陈设的主要风格特征。

教学难点

　　室内陈设艺术的分类。

学　　时

　　理论课时：2 课时；实训课时：6 课时。

02

2.1　室内陈设艺术的主要风格

　　陈设设计风格是代表时代潮流的室内物品形态、布置摆放形式的一种样式和语言。只有熟知各种设计风格的特点、形式语言的变化方式，才能够使设计为我所用。任何一种室内陈设风格，如果搭配协调、使人感觉舒适，就是漂亮的，就跟穿鞋子一样，舒不舒服只有自己最清楚，居家应该也是如此，在家里，舒适自在是最重要的。因此，在设计陈设风格之前，设计师应充分了解客户的需求，把握不同陈设风格的特点。比如需要设计田园风格，就需要我们去了解欧式田园风格、美式田园风格与自然田园风格的差异在哪里，进行比较后再进行设计并完善，这样设计出的效果才能做得让客户满意。现代简约风格如图 2-1 所示。

　　目前常见的室内陈设艺术的风格大体分为三大类型，即传统风格、现代风格和混合型风格。

图 2-1　现代简约风格

2.1.1　传统风格

传统风格 (又称古典或新古典风格) 的室内陈设艺术设计,是一种延续历史和地域的民族文化,集思想、文化、观念为一体。其设计要素主要在室内的布置上、家具的选择上、陈设品的造型与色彩的搭配上等方面。吸取传统装饰"形""神"的特征,注重装饰效果,用室内陈设品来增强历史感,以烘托复古氛围。凸显民族文化特色。白色、金色、黄色、暗红色是欧式新古典风格中常见的主色调。中式风格则讲究四平八稳、古韵生动等特色。主要风格包括中式风格、欧式风格、伊斯兰风格等。

1. 中式风格

中式风格是以宫廷建筑为代表的中国古典建筑的室内装饰设计艺术风格,其风格主要分为中式古典和新中式。材料以木质为主,在装饰细节上讲究雕刻彩绘,造型典雅且富于变化,具有气势恢宏、壮丽华贵、高空间、大进深、雕梁画栋、金碧辉煌的特点,造型讲究对称,图案多龙、凤、龟、狮等,精雕细琢、瑰丽奇巧,充分体现了中国特有的传统美学精神。窗帘主要体现在面料颜色的厚重,纹理花样富有民族气息,款式上追求简约大气和精致。特别是流苏、云朵、盘扣等中式元素,加上传统的家具、字画、中国瓷器、古玩及绿化盆景等元素的运用,营造出清丽雅致、古色古香的室内气氛。

中式传统风格因南北气候及民族等差异,导致室内陈设风格大不相同,以明清江南风格为例:在空间的布局上一般讲究室内对称布局;墙面的装饰多用国画、书法、对联等;台面配有陶瓷、漆器、工艺装饰品;室内家具均是明清木质家具结合织物;另外地面主要的地方铺地毯,如图 2-2 所示。

图 2-2　中式风格

新中式风格是选用具有中式古典风格的家具和装饰品进行室内空间的布置。虽然生活的模式是现代的，但是家具的形态、色彩以及摆放的位置还保留中国传统文化的特点，并配以传统的青砖、白墙等界面装修的形式，达到新时期传统文化的一种回归，这是一种现代文人追捧的室内陈设形式，成为时尚流行的新风格。

新中式风格不是纯粹的元素堆砌，而是通过对传统文化的认识，将现代元素和传统元素结合在一起，以现代人的审美需求来打造富有传统韵味的事物，让传统艺术在当今社会得到发扬。

当今，随着众多现代派主义的出现，国内也出现了一股复古风，那就是中式装饰风格的复兴。国画、书画及明清家具构成了中式设计的最主要元素，但中式风格的装修造价较高，且缺乏现代气息，只能在家居中点缀使用，如图 2-3 所示。

图 2-3　新中式风格

2. 欧式古典风格

欧式古典风格指选择具有欧美风格的陈设品进行室内氛围的塑造的古典风格。这种风格强调以华丽的装饰、浓烈的色彩、精美的造型来达到尊贵、富丽的空间效果，现在成为拥有大量财富的人士推崇的室内陈设装饰风格。

欧式风格起源于 16 ～ 17 世纪的文艺复兴运动，在 17 ～ 18 世纪巴洛克时代得到发展。欧式装饰造型严谨，天花、墙面与绘画、雕塑、镜子等相结合，室内装饰织物的配置也十分讲究，窗帘多以水波形的帘头复式设计，面料选用具有光泽感的清雅的淡金色、本白色。室内灯光采用烛形水晶玻璃组合吊灯及壁灯、壁饰等。表现此类空间还需要配合同样风格的装修，共同达到理想的氛围，如图 2-4 所示。

3. 伊斯兰风格

伊斯兰风格比较注重东、西文化风格的合璧，室内色彩华丽精美、艳丽、对比明显。伊斯兰风格在装饰上较突出的是彩色玻璃面砖镶嵌画和粉画，镶嵌画多用于玄关或家中的隔断。

伊斯兰建筑普遍使用拱券结构，拱券的样式极富有装饰性。建筑和廊子三面围合成中心庭院，中央是水池。伊斯兰建筑有两大特点：一是券和弯顶的多种花式；二是大面积表面图案装饰。券的形成有双圆心尖券、马蹄形券、火焰式券及花瓣形券等。室外外墙面主要用花式砌筑进行装饰，随后又陆续出现了平浮雕式彩绘和琉璃砖装饰。

室内用石膏作大面积浮雕、涂绘装饰，以深蓝、浅蓝两色为主。室内喜好大面积的色彩装饰，多用华丽的壁毯和地毯进行装饰。伊斯兰风格图案多以花卉为主，曲线匀整，结合几何图案，其内多缀以《古兰经》中的经文，装饰图案以其形、色的纤丽为特征，以蔷薇、风信子、郁金香、菖蒲等植物为题材，具有艳丽、舒展、悠闲的效果，如图 2-5 所示。

图 2-4　古典欧式风格

图 2-5　伊斯兰式风格

2.1.2 现代简约风格

现代简约风格是从二十世纪三四十年代密斯·凡德罗提出的"少即是多"的现代主义室内陈设风格演变而来的。这种室内陈设的风格主要凸显功能性，但是每件物品又都是设计的精品，无任何繁杂、啰唆的装饰。室内的陈设多采用无彩色系的物品，物品的位置也以非对称的方法陈设。

现代装饰艺术将现代抽象艺术的创作思想及其成果引入现代室内装饰设计中，力求创造出独具新意的简化装饰，设计简朴、通俗、清新，更接近于人们的生活。其装饰图案由曲线和非对称线条构成，如植物、花卉、动物等。

现代风格包括今天绝大多数室内用品或装饰品如灯具、家具等工厂生产的工业产品，然而并不是说把由机器创造的家庭用品组合在一起就形成现代风格，可以称为风格的必定是一种艺术思潮。

现代简洁风格的特点：①注重以实用为主的功能，以"少即是多"为指导思想。②强调空间的抽象性，追求材料技术空间的表现。③点、线、面现代造型语言的合理运用。④装饰手法简洁抽象。

现代风格包括田园风格、地中海风格、日式风格、白与黑设计风格等。

1. 恬淡田园风格

田园派是在人类生存环境不断遭到破坏、城市人口拥挤、住宅环境恶化的情况下，最先始于国外一些大城市的风格。周末农村人进城购物，而城里人去郊外享受自然风光和清新的空气。这种人流交叉的结果是，城里人希望乡间恬静舒适的田园生活氛围也能在自己城里的住宅中见到，因此引发了在城市住宅中追求田园景观的室内设计流派，故称为田园派。

(1) 欧式田园风格：重在对自然的表现，但不同的田园有不同的自然，进而衍生出多种家具风格：中式的、欧式的，甚至还有南亚的田园风情，它们各有各的特色，各有各的美丽。

欧式田园风格以法式浪漫设计风格为代表，家具色彩以白色为主，浪漫体现在一点一

图 2-6 欧式田园风格

滴的家居布置中。其设计风格特点：①洛可可风格是法国古典主义后出现的，它代替了建筑物的内部和外部风格的分离手法表现。②喜欢用弧线和S线，不对称手法细腻柔和，一般喜欢用贝壳、旋涡山石作为装饰题材，卷草舒华缠绵盘曲，连成一体。③室内墙面粉刷爱用嫩绿、粉红、玫瑰红等鲜艳的浅色调，线脚大多用金色。④室内护壁板使用木板，有时做出精致的框格，框内四周有一圈花边，中间常衬浅色东方织棉，呈现出非常温馨平和的田园生活品质风格，如图2-6所示。

(2) 自然田园风格：自然田园风格以东南亚风格为代表，倡导"回归自然"，美学上推崇"自然美"，认为只有崇尚自然、结合自然，才能在当今高科技、高节奏的社会生

活中，使人们获得生理和心理上的平衡，因此室内多用木料、织物、石材等天然材料，显示材料的纹理，清新淡雅。此外，由于其宗旨和手法的类同，也可把田园风格归入自然风格一类。田园风格在室内环境中力求表现悠闲、舒畅、自然的田园生活情趣，也常突出天然木、石、藤、竹等材质质朴的纹理，巧妙设置室内绿化，创造自然、简朴、高雅的氛围。

东南亚风格室内所用的材料多直接取自自然。由于炎热、潮湿的气候带来了丰富的植物资源；木材、藤、竹成为室内装饰的首选。微风缓缓吹入客厅，色彩厚重而又不失热情的窗帘随风摇曳，再加上枝叶宽大的热带作物，浓浓的东南亚热带风情就这样扑面而来。杧果木家具、藤制家具勾勒出朴实自然的亚热带空间，使客厅在浓厚的色彩中透出清凉味道。浓郁的黄褐、古铜等色彩厚重的精致木雕，点缀出热情的气氛，这是东南亚客厅特有的风格，如图2-7所示。

图 2-7　自然田园风格

(3) 美式田园风格：比较注重简洁随性，崇尚自由，体现为单纯、休闲，绿色植物，藤编的餐椅，镂空的装饰，典雅舒适，木制家具多保留木质本身的天然纹路并涂刷光泽型涂料，窗帘面料以自然界中的花朵、配色自然的条纹或纯净的白纱为主，款式简洁，自然清新，如图2-8所示。

图 2-8　美式田园风格

2. 地中海风格

地中海风格具有独特的美学特点，颜色明亮、大胆、丰厚却又简单。地中海风格善于捕捉光线，取材天然。蓝天、白云、纯净的沙滩无不在家居风格中得以体现。一般选择自然的柔和色彩，在组合设计上注意空间搭配，充分利用每一寸空间，集装饰与应用于一体，在组合搭配上避免琐碎，显得大方、自然，散发出古老尊贵的田园气息和文化品位。简约的本白色家具、质朴天然的原木，款式简单的窗帘，纯净的面料色彩，在风吹过的刹那捕捉海洋的气息。地中海风格的美包括海和天的明亮色彩、历史悠久的古建筑、土黄色与红褐色交织而成的强烈的民族性色彩。

地中海周边国家众多，民风各异，但是独特的气候特征还是让各国的地中海风格呈现出一些一致的特点。通常，"地中海风格"的家居会采用以下几种设计元素：白灰泥、连续的拱廊与拱门，陶砖、海蓝色的屋瓦和门窗。

当然，设计元素不能简单拼凑，必须有贯穿其中的风格灵魂。目前对地中海风格的灵魂比较一致的看法就是"蔚蓝色的浪漫情怀，海天一色、艳阳高照的纯美自然"。在色调上面，采用一些简洁的搭配，如图 2-9 和图 2-10 所示。

图 2-9　地中海式风格色彩元素

图 2-10　地中海式风格

3. 日式风格

日式风格又称和式风格(即日本传统式样)，具有简洁、淡雅、舒适等特点。这种风格的形成，源于日本的传统建筑为木结构的高基架，这种结构利于通风，人们入室需脱履，室内空间造型简洁朴实，悬挂灯笼或木方格灯罩的灯具，室内以细木工障子推拉门分割空间。在铺榻榻米的地面上放置矮茶几和坐蒲团，夜间移开茶几即可用于睡卧。因此其设计元素主要由纸糊的日式移门、榻榻米平台、日式矮桌、草席地毯、布艺或皮艺坐垫、招财猫、江户风铃、日式鲤鱼旗子等组成。

日式风格空间造型极为简洁，家具陈设以茶几为中心，墙面上使用木质构件作方格几何形状，与细方格木推拉门、窗相呼应，空间气氛朴素、文雅、柔和。一般不多加烦琐的装饰，更重视实际的功能。墙上装饰画和陈设插花均有定式，室内气氛淡雅、简朴、舒适，如图2-11所示。

其次，日式风格多采用借景的手法，借用室外自然景色，为室内带来无限生机。

4. 白与黑设计风格

黑白家具的设计或夸张或走极简路线，用它们来布置居室，能起到瞬间颠覆传统居室风格的作用。

图2-11 日式风格

白与黑系列窗帘以经典的白黑色为主，写意的花纹和几何纹理的布艺窗帘柔化了居室生硬的表情。值得注意的是，布置房间时，黑色的使用必须把握一个尺度，深色家具过多，会使人产生压抑的感觉。配几只橘红色的靠垫或小面积的红色装饰，会使室内冷酷而严肃的气氛得到缓和，如图2-12所示。

02

图2-12 黑白式风格

2.1.3 混搭型风格

混搭型风格是现在人们对于古典风格的彻底遗弃，但同时还保有思想上的留恋，是一种矛盾关系的体现。事实上，混搭型风格是一种选取精华的心态的再现。人们将自己喜爱的风格中的经典饰品进行重新搭配，东西方文化的冲撞、戏剧化的表现，反而产生一种新的氛围和效果，令人欣喜，成为中产阶级最爱的一种室内陈设风格。

在多元文化的今天，室内设计也呈现多元化趋势，室内设计遵循现代实用功能要求，在装修装饰方面融汇古今中西于一体。只要觉得合适，得体的陈设艺术皆可拿来结合使用或作点缀之用。比如，东方传统的家具风格搭配欧式古典灯具，地面再组合些非洲古雕进行装饰点缀，其效果也很协调。总之，设计手法不拘一格，但设计师应注重深入推敲造型、色彩材质、肌理等方面的总体构图效果和气氛。混搭型风格如图 2-13 所示。

图 2-13　混搭型风格

2.2　室内陈设艺术的分类

室内陈设艺术设计也称摆设艺术，主要作用是加强室内空间视觉效果。从中国文化的角度考虑，它更是一门集人文学、心理学、色彩学等学科为一体的"空间气场营造"的艺术。通过陈设艺术设计，可以使空间发生不同的视觉变化，还可以调整人的心情，提升人的思想作用，让人上升到一个新的品位与格调。庄子曾经说过："贵贱之分，在于行之美恶。"没有行为的优雅，心情的祥和愉悦，思想的博大精深，"品位与格调"将永远是一种牵强不可及的词语。

按照陈设品的不同性质，室内陈设可分为功能性陈设和装饰性陈设两大类。

陈设品按使用功能分类，主要有以下 3 种。

(1) 功能性陈设。主要包括：家具、日用器皿、灯具、书籍、花瓶、烛台、织物等。

(2) 装饰性陈设。主要包括：雕塑、字画、工艺品、植物。

(3) 因时空的改变而发生功能改变的陈设。

2.2.1　功能性陈设艺术

功能性陈设指具有一定实用价值并兼有观赏性的陈设，如家具、电器、灯具、织物、器皿等。

1. 家具

家具是室内陈设艺术中的主要构成部分，具有分隔组织空间的作用，还具有反映民族文化和地域风格的作用。首先家具是因其实用性而存在的，室内空间只有通过家具和其他设备才具有真正的使用价值。随着人们认识的不断提高，家具的实用性越来越被人们所重视。从家具的分类与构造上看，家具可分为两类，一类是实用性家具，包括坐卧性家具、贮存性家具如床、沙发、大衣柜等；另一类是观赏性家具，包括陈设架、屏风等。室内家具如图 2-14 所示。

图 2-14　室内家具

2. 灯具

灯具在室内陈设中起着照明的作用，主要种类有吸顶灯、吊灯、地灯、嵌顶灯、台灯等。在进行陈设设计的过程中，必须把灯具当作整体的一部分来设计，灯具的造型，光线的角度、色度都必须和环境匹配。灯具用得好可以营造出不同效果的情调和气氛，况且灯具的造型变化还会对室内环境起点缀作用，如图 2-15 所示。

落地灯

台灯

图 2-15　室内灯具

隔断吊灯   吊顶射灯

图 2-15　室内灯具（续）

3. 电器陈设

电器陈设主要包括电视机、电脑、电冰箱、洗衣机、厨房电器、音箱、空调等，是信息传递的工具，体现了现代科技的发展，同时赋予空间以时代感，电器造型美观、色彩漂亮，既是工业品又是陈设品，成为现代家庭生活中不可缺少的组成部分。

在安置家用电器时，要注意和家具及其他器物的组织联系。在家庭室内，常常把精美的家用电器和家具、植物等组织在一起，构成室内优雅、宁静、舒适、亲切的气氛。比如收看电视时要注意距离适当，座位与荧光屏距离一般应五倍于荧光屏的尺寸。晚上收看时，室内最好开一盏 3 支光的小电灯，光线不要反射荧光屏，安装在电视机后侧为宜，这样既不影响收视效果，又不损害视力。音箱的安置，距离一般为 3 ～ 5 米。室内使用两个音箱时，要放在屋子的两侧，距离可在 1 ～ 3 米，两个音箱的距离与收听人的距离成等边三角形（即收听人与两个音箱的距离相等），这样收听效果较好。如采用四个音箱，则把音箱放于屋子四角，人在屋子中间收听，收听的效果最理想，如图 2-16 所示。

图 2-16　电器陈设

4. 织物

织物分遮挡视线的织物和覆盖织物两种类型。具有主导地位的窗帘、床罩、沙发布具有遮光、统一室内色彩的作用，决定了室内织物的总体风格；其次为地毯、墙物，在室内环境中起呼应、点缀、衬托的作用；最后是桌布、靠垫、壁挂等。织物使用的多少，已经成为当今人们衡量室内环境装饰水平的重要标准之一。居室内如果没有织物，那将是一个冷冰冰的生硬、呆板的环境。织物品种繁多，材料来源丰富，有天然纤维毛、麻、丝、棉，还有多种合成纤维，织物的工艺比较复杂，有织、染、印、补、绣，厚薄程度也区别很大。室内织物如图 2-17 所示。

窗帘

床上用品

靠垫

地毯

图 2-17　室内织物

(1) 织物的特点。

不同的织物分别具有以下特点。

① 地毯给人们提供了一个富有弹性、防寒、防潮、减少噪声的地面。

② 窗帘可以调节温度和光线、隔声和遮挡视线。

③ 陈设覆盖物可以防尘和减少磨损。

④ 屏风、帷幔等可以挡风和形成私密空间，它们是既有实用性、又有装饰性的织物，如图 2-18 所示。

⑤ 墙面和顶棚采用织物可以改善室内音响效果。

中式仿古雕花屏风

圆形帷幔

背景纱幔婚礼顶棚

图 2-18　屏风、帷幔

(2) 织物的选择与使用。

① 织物的选择。室内装饰织物除了实用功能外，在室内还能起到一定的装饰作用。我们选择家庭室内布置的织物纹样、色彩，不能孤立地单看织物自身的质地和美观，而要考虑它在室内的功能，还要考虑它在室内布置的位置、面积大小以及与室内器物的关系和装饰效果。

② 织物的使用。室内面积较大的织物，例如床单、被面、窗帘等，一般应采用同类色或邻近色为好，容易使室内形成同一个色调。面积较小的织物，如壁挂、靠垫等，色彩鲜艳一些，纹样适当活泼一些，可以增加室内活跃的气氛。对于窗帘、挂帘、帷幔的使用要结合时令的变化和陈设的方式。比如夏天窗帘的颜色宜素淡、半透明；冬天窗帘的颜色可以稍重一些。窗帘的挂法分单幅、双幅；双幅可以左右拉开，也可两幅上下安排，按照需要，可以拉开上面一幅，也可以拉开下面一幅。左右拉开时，可以是垂挂式，也可以是两边半弧式，形成"人"字形。单幅拉开时，可以是垂挂式，也可以是半弧式。不同窗帘的使用取决于个人喜好。在陈设简洁的居室中，有时用面积比较大、纹样简洁、色彩纯度较高的帷幔来衬托，也能起到明快、装饰性较强的艺术效果。

2.2.2　装饰性陈设艺术

装饰性陈设是指以装饰观赏为主的陈设，如书画、工艺品、纪念品、绿化等。

装饰植物引入室内环境中，不仅能起到装饰的效果，还能给平常的室内环境带来自然的气氛。根据南北方气候的不同和植物的特性，可以在室内放置不同的植物。通过植物对空间占有、划分、暗示、联系、分隔，从而化解不利因素。

室内陈设艺术不同于一般的装饰艺术——片面追求富丽堂皇的气派和毫无节制的排场；也不同于环境艺术，强调科学性、技术性和学术性。室内陈设艺术是一门研究建筑内部和外部功能效益及艺术效果的学科，属于大众科学的范畴。

室内陈设艺术表达一定的思维、内涵和文化素养，对塑造室内环境形象、表达室内气氛、创新环境起到画龙点睛的作用。

1. 书画

中国书画是我国传统的艺术品，其笔法的巧拙雄媚，其墨色的浓淡轻重，其题词的隽语含蓄，其装裱的工整讲究，都会使人从中得到极高的艺术享受。在现代的室内，如能挂上一两幅名人字画，顿使室内高雅起来。在单元楼房间，则以张挂尺幅小品、形式感更强的字画较为合适。现在，国外的家庭室内常以装饰性较强、抽象的几何图形布置，甚至摆设也都是几何形体，简朴的工艺品或者带有古朴味道的古典刀、兽皮等，使室内具有简朴的风味。书画如图2-19所示。

书画的悬挂方法有以下几种。

(1) 选择主题与室内风格一致的艺术品，根据空间需求确定位置。

(2) 画面中心要与观赏者视线平齐，或高1.4~1.5cm。

(3) 物品下缘考虑坐或行走的高度。

2. 工艺品

图2-19 书画

在布置装饰工艺品时，一定要注意构图章法，考虑装饰品与家具的关系以及它与空间宽窄的比例关系，如何布置，都要细心推敲。如某一部分色彩平淡，可以放一个色彩鲜艳的装饰品，这一部分就可以丰富起来。在盆景边放一小幅字画，景与字相衬，景与画相映，能给室内增添情趣。在空间狭小的室内挂一幅景致比较开阔的风景画，在视觉上能增加室内空间的深度，仿佛把大自然景色一览无遗地搬到了室内，使人心旷神怡，身心舒畅。

在陈设观赏工艺品时要考虑其角度与欣赏位置，要尽可能地使观赏者不用跐脚、哈腰或屈膝来观赏。因此，在家庭室内陈设一件装饰工艺品时，不能随意乱摆乱挂，既要考虑工艺品自身的造型、色彩，又要考虑它的形状大小、高低、位置、色彩与周围环境的比例、对照、呼应以及构图的疏密关系等。陈设架与陈设工艺品如图2-20所示。

陈设架

陈设工艺品

图2-20 陈设架与陈设工艺品

工艺品的摆放方法有以下几种。

(1) 借助墙面背景,将隔板等横向使用的物品悬挂在墙上,再在此摆放物品。

(2) 注意聚散关系,可分布均匀,亦可打散布局,注意陈设品与墙的关系。

(3) 室内布置要少而精,宁缺毋滥,不要挂得太乱、太满,不留余地,给人一种不适之感。不必一味追求珠光宝气而使人眼花缭乱,要遵守豪华适度的原则。

3. 纪念品

纪念品包括先辈留下的遗物、亲朋好友馈赠的物品、荣誉证书或奖品等,一般具有增加空间文化内涵、间接了解空间主人的情感历程、生活经历、兴趣爱好的作用。具有纪念性的物品一般都有一段故事或一段回忆,展示出来既能够装饰门庭,又具有纪念意义。

纪念品主要藏在密室或利用展示橱柜陈列,一般有以下几种摆放形式。

(1) 挂,一般以墙为背景,但是衬托物品不宜过多,过多则乱,如图 2-21 所示。

(2) 摆,多置于台面上、人视线以下区域,大多体量感较强,如图 2-22 所示。

动物装饰品挂件

工业风格齿轮挂件

图 2-21　工艺纪念品(挂件)

古陶俑装饰品

现代工艺装饰品

图 2-22　工艺纪念品(摆件)

4. 绿化

绿化是室内陈设设计的重要内容。绿色植物会给人们带来更多自然界的生机。植物以多姿的形态和色彩,起到很好的装饰效果,为室内环境增添了不少情趣。室内绿化大致可分为盆栽和插花两类。盆栽绿化植物如图 2-23 所示。

绿色陈设从种类上区分主要有盆栽、盆景、插花等；从观赏角度讲分为观叶、观花、观果。

(1) 盆景艺术。

根据盆景材质不同，盆景可分为树桩盆景和山水盆景。

① 树桩盆景：树桩盆景也称为盆栽盆景或桩景。"树桩"已经成为植物的代名词，故凡在盆钵中以植物为主、表现自然景色的盆景，均称为树桩盆景。盆景的主要流派有川派、徽派、岭南派、苏派和扬派。树桩盆景按造型的式样，形态主要有：直立式，主干直立或基本直立；斜干式，主干倾斜，树冠偏于一侧；卧干式，主干横倾；悬崖式，主干倾于盆外，树冠下垂。树桩盆景如图 2-24 所示。

图 2-23　盆栽绿化植物

图 2-24　树桩盆景

② 山水盆景：又称山石盆景或水石盆景。它将自然的石块通过腐蚀、雕琢或锯截、胶合、拼接等加工处理，模仿自然山水景观，有的还缀以微型的亭阁、屋舍、舟车，配置草木、苔藓等制作而成。山水盆景的石料可分为两类：一类是质地坚硬、不吸水、难长青苔的硬石，例如广东的英石、江苏太湖的千层石、云南的钟乳石、江西的灵璧石以及木化石、芦管石等；另一类是质地较松软、容易吸水、能长青苔的软石，例如东北的水浮石、江苏昆山的鸡骨石以及砂积石。山水盆景如图 2-25 所示。

(2) 插花艺术。

插花是以切取植物可供观赏的枝、花、叶、果、根等部分，插入容器中，经过一定的技术和艺术加工，组合成精美的、富有诗情画意的花卉装饰品。根据插花的用途，插花可分为礼仪插花和艺术插花两种。

① 礼仪插花：礼仪插花包括花篮、花束、桌花、圣诞插花、新娘捧花等，如图 2-26 所示。

图 2-25　山水盆景

图 2-26　礼仪插花艺术

② 艺术插花：艺术插花包括瓶花、盆花等，如图 2-27 和图 2-28 所示。

根据艺术风格的不同，插花可分为东、西方插花和现代自由式插花；根据所用花材的不同，插花可分为鲜花插花、干花插花、人造花插花、混合式插花；根据历史沿革，插花可分为宗教插花、宫廷插花、民间插花、文人插花。

图 2-27　盆式艺术插花艺术

02

图 2-28　瓶式插花艺术

课堂小结

本章学习了室内设计的风格特征，读者基本上了解了设计的过程及如何进行设计。

作业布置

1. 制定一组以中式（古典或现代均可）风格客厅、书房室内陈设布置方案。

要求：有平面布置图、立面设计图、设计说明、陈设品搭配等方案。

2. 制定一组欧式风格客厅、卧室陈设方案。

要求：有平面布置图、立面设计图、设计说明、陈设品布置搭配等方案。

02

第3章

室内陈设艺术设计的概念

课程目标

本章从室内环境装饰的角度介绍了环境艺术，以现代、科学的环境艺术为根本，在批判传统环境观点中迷信成分的同时发掘其中的合理成分，从而更好地为室内陈设设计服务。

教学重点

能够运用现代环境艺术和民俗习惯的知识为室内装饰设计服务。

学　时

理论课时：2课时；实训课时：4课时。

03

3.1　室内环境设计与陈设装饰规范

3.1.1　室内环境设计的概念

室内环境设计是根据建筑物的使用性质、所处环境和相应的标准，运用物质技术手段和建筑美学原理，创造功能合理、舒适优美、满足人们物质和精神生活需要的室内环境。这一空间环境既有使用价值、满足相应的功能需求，同时反映了历史文脉、建筑风格、环境气氛等精神因素。现代室内装饰设计既有很高的艺术性要求，涉及的设计内容又有很高的技术含量，并且与一些新学科，如人体工程学、环境心理学、环境物理学等关系极为密切。现代室内设计已经在环境设计中发展成为独立的新兴学科。如图3-1所示为陈设品配置与环境装饰效果示例。

图 3-1　陈设品配置与环境装饰效果

3.1.2 室内装饰设计的基本原则

室内装饰设计应遵循以下几个基本原则。

(1) 室内装饰设计要满足使用功能的要求，要以创造良好的室内空间环境为宗旨，满足人们在室内环境中进行生产、生活、工作、休息的要求。

(2) 室内装饰设计必须满足精神功能的需求，在考虑使用功能要求的同时，必须考虑精神功能的要求（视觉艺术感染）。设计者可以充分运用各种理论和手段去冲击、影响人的感情，达到预期设计效果。

(3) 室内装饰设计要满足现代技术的要求，建筑空间的创新和结构造型的创新有密切的联系，二者应取得协调和统一，充分考虑结构造型中美的形象，把艺术、技术融合在一起，如图3-2所示。

(4) 室内装饰设计要符合民族风格的要求。我国是多民族国家，由于各民族特点、民族性格、风俗习惯以及文化素养等不同存在室内环境装饰设计差异，室内环境装饰设计也有所不同。

图 3-2 室内装饰设计

3.1.3 室内装饰设计的要素

1．色彩与光影要素

室内色彩不仅是创造视觉效果、调整气氛和心境表达的重要因素，而且具有个性的表现、光线的调节、空间的调整、活动的配合以及环境的适应等功能。室内环境色彩除了会对视觉环境产生影响外，还直接影响人们的情绪、心理。色彩对人的精神影响是比较大的，科学的用色有利于人们的工作和健康，如图3-3所示。

室内色彩构成分为：①灯光背景色彩，包括材料固有的色彩，天花板、墙壁、门窗和地板等室内大面积的色彩。②主体色彩，指能移动的家具、陈设的艺术品以及植物等的色彩组成部分，这是我们要表现的主要色彩效果，利用得当能够起到画龙点睛的作用。

图 3-3　室内环境色彩的配置

　　当今人们在进行室内设计时，常常把阳光引入室内，其目的是消除室内的黑暗感和封闭感，特别是顶光和柔和的散光，可以使室内空间更加亲切自然。光影的变换使室内更加丰富多彩，给人以多种感受。正确地结合运用色彩与光影可以美化人们的生活环境，如图 3-4所示。

图 3-4　光与色在环境中的运用

2．装饰与陈设要素

　　室内环境整体空间由建筑构件、柱子、墙面等组成，结合功能需要加以装饰，可共同构成完美的室内环境。充分利用不同装饰材料的质地，可以获得千变万化和不同风格的室内艺术效果，同时还能体现不同民族的历史文化特征。

室内家具、地毯、窗帘等均为生活必需品，其造型具有陈设特征，可起到装饰室内空间的作用。在运用饰品的时候，必须本着实用和装饰互相协调的原则，使功能和形式统一而有变化，使室内空间舒适得体又富有个性。

3．空间与绿化要素

室内环境设计中，绿化已成为改善室内空间环境的重要手段，室内移花栽木对于利用绿化和沟通室内外环境、扩大室内空间感及美化空间均起着锦上添花的作用。合理利用与美化空间，设计出和谐、美观、舒适的生活环境是一个设计师的基本任务，设计师要敢于创新、探索并赋予空间新形象，如图3-5所示。

图3-5　室内空间的绿化

3.2　室内装饰的布置原则与要求

家庭室内装饰布置受住宅面积、房屋建筑装饰程度、家庭人口等诸多因素的限制。因此室内陈设布置应从实际居住条件出发，灵活安排，适当美化点缀，合理地摆设一些必要的生活设施，并留有一定的活动空间。为使居室布置实用美观、完整统一，应注意以下几点要求。

(1) 满足功能要求，力求舒适实用。室内陈设布置的根本目的是为了满足全家人的生活需要，这种生活需要体现在居住和休息、做饭与用餐、存放衣物与摆设、业余学习、读书写字、会客交往以及家庭娱乐诸方面，而首要的是满足居住与休息的功能要求，创造出一个实用、舒适的室内环境。因此，室内布置应满足合理性与实用性。

(2) 布局完整统一，基调协调一致。在室内陈设布置中，整个布局必须完整统一，这是陈设设计的总目标。这种布局体现出协调一致的基调，融汇了居室的客观条件和个人的主观因素(性格、爱好、志趣、职业、习性等)，围绕这一原则，人们会自然且合理化地对室内装饰、器物陈设、色调搭配、装饰手法等做出选择。尽管室内布置因人而异、千变万化，但每个居室的布局基调必须相一致。

(3) 器物疏密有致，装饰效果适当。家具是家庭的主要器物，它所占的空间与人的活动空间要配置得合理、恰当，使所有器物的陈设在平面布局上格局均衡、疏密相间，在立面布置上要有对比、有照应，切忌不分层次、空间堆积在一起。装饰是为了满足人们的精神享受和审美要求，应在现有的物质条件下，使室内环境具有一定的装饰性，达到适当的装饰效果。装饰效果应以朴素、大方、舒适、美观为宜，不必追求辉煌与豪华，如图 3-6 所示。

图 3-6　室内陈设品的装饰效果

(4) 色调协调统一，略有对比变化。色调是指明显反映室内陈设的基调。对室内陈设的一切器物的色彩都要在色彩协调统一的原则下进行选择。器物色彩与室内装饰色彩应协调一致。色调的统一是主要的，对比变化是次要的。色彩美是在统一中求变化，又在变化中求统一的和谐。室内布置的总体效果与所陈设器物和布置手法密切相关，也与器物的造型、特点、尺寸和色彩有关。在现有条件下具有一定装饰性的朴素大方的总体效果是可以达到的。在总体之中可以点缀一些小装饰品，以增强艺术效果，如图 3-7 所示。

图 3-7　室内色调的统一

03

(5) 环境心理学与室内设计的关系。

环境问题始终围绕着人们的日常生活，它能够对人类的行为产生一定的外界影响。

环境心理学是研究环境与人的行为之间相互关系的学科，它着重从心理学和行为的角度，探讨人与环境的最优化，良好的环境是符合人们心愿的。而对于环境设计来说，合理组织空间，设计好层面、色彩和光照，处理好室内环境，也是符合人们心愿的。总之，环境心理学非常重视生活与人工环境中人们的心理倾向，把选择的环境与创建环境相结合，着重研究环境与行为的关系，环境的认知、环境空间的利用、环境中人的行为和感觉。

3.3 环境艺术的源流与发展

中国古人认为命生于风，运起于水。人类在选择居住环境上非常慎重，在中国，当这种慎重和周易等古老的哲学思想结合起来时，就形成了独特的风水文化。五行八卦分为阴阳五行和八卦理论，即中国古代的阴阳学说，是古代汉族的基本哲学概念。风水和五行八卦常常体现在中国古代的环境艺术中。

3.3.1 古代风水学的源流

风水在中国已有近五千年的历史，风水一词最早出于伏羲时代。在《简易经》里记载："研地说：一雾水，二风水，三山水，四丘水，五泽水，六地水，七少水，八缺水，九无水。"地球上几乎所有的物质都由风、水、地三者所承载孕育着，风水学就是研究人类赖以生存发展的微观物质（空气、水和土）和宏观环境（天地）的学说。《辞海》中解释，风水为堪舆，是指相宅、相墓之法。

《易经》中这样论述："巽为风，坎为水。"风水一词是从八卦中衍生出来的，与八卦息息相关。"风水"包含着先人在进行营建活动时所形成的朴素的宇宙观、自然观、环境观，讲究自然界的风、水是和我国传统哲学中的"气""阴阳"等相结合的。其中"气"在风水中最为重要，气场会对人的胆略、智慧、情绪有一定的影响，如图3-8所示。

我国古代很多的政治家、军事家、教育家都把风水作为必须精通的知识与学术。其实，风水就是研究人类居住环境的一门学问，古代有关风水这一名词的别名很多，如形法、堪舆、青囊、青鸟、地理等，其中堪舆学流传最广。

堪舆，较早出现在《淮南子》书中，书中这样记载："堪舆徐行，雄以音知雌。"许君注释："堪，天道；舆，地道。盖堪为高处，舆为下处。天高地下之义也。"堪字本义为地面高起。《说文解字》中说："堪，地突也"。舆就是车。在汉唐时堪舆兴盛，汉代《堪舆金匮》是较早论述堪舆的专著。

风水学的形成可以追溯至远古时代。原始社会虽然没有风水学的说法，但是人们懂得"择地而居"，选择"近水向阳"适宜人类繁衍栖息的地方。《尚书》中第一次提出了"九州"的概念，河流、山脉为界，将古代中国划分为九州，这就是中国被称为"九州"的由来。

战国先秦时期各种学术兴盛，随着《周易》和阴阳五行学说的发展，开始建立以"仰观天文，俯察地理"为主导的学术思想。从《晋书》中可知，"始皇时，望气者云'五百年后金陵有天子气'，故始皇东游以压之，改其地曰秣棱，堑北山以绝其势。"在当时就已经有了"望气者"说法。

图 3-8　环水而建的江南民居

03

　　两汉时期，相地术非常盛行。当时的堪舆家精通天文地理，相地术也称为"刑法"，出现了《堪舆金匮》《宫宅地形》《移徒法》《图宅术》等风水著作，标志着风水学在理论上有了初步的归纳和总结。

　　魏晋时期出现了最负盛名的风水大师郭璞，其所著的《葬书》将风水术从传统的相地术中分离出来，全面构架起风水理论体系，奠定了后世风水的基础。东晋的郭璞是历史上最先给风水下定义的人，他在《葬书》中云："葬者，藏也，乘生气也。气行乎地中，因地之势而聚，因势而此。古人聚之使不散，行之使有止，故谓之风水。"又云："风水之法，得水为上，藏风次之。气之盛而流行，而其余者犹有止。"这一理论影响至今。在这里，风水之法不仅仅是藏者的事宜，而是广泛意义上的"藏也"。即风水之术还包括"生者居住"这一内容。也就是说，在室内设计中风水也同样存在，也需要进行合理的设计和规划。

　　在隋唐时期，风水理论得到进一步的发展，形成了两大派系——江西形势派和福建理气派。杨筠松是形势派的创始人，其作品《疑龙经》《撼龙经》《葬法倒仗》《青囊序》等，为风水学理论的进一步发展奠定了坚实的基础。因此，这些著作一直被风水研究者视为至宝。

　　宋代出现了以江西形势和福建理法派为主体的风水理论体系。相传皇帝徽宗无子，有位术士传授于他，将京师西北隅地势加高便可得子，于是命人照做，果然得子。宋代的风水大师特别多，赖文俊、陈抟、朱熹、蔡元定、徐仁旺都很有名。

　　到了明清时期，风水学达到鼎盛时期，各种风水著作如雨后春笋般地出现，甚至到了泛滥的程度。其中以吴鼐的《阳宅撮要》、蒋大鸿的《地理辨证》、赵玉材的《地理五诀》最为有名。在形势与理气两派的基础上又分为四个派系——八宅派、玄空派、杨公派、过路阴阳派。

　　明代的皇帝对风水极为重视，明成祖将都城迁往北京，完全按照风水观念建造京城，导致民间也特别讲究风水。相传朱元璋的军师刘伯温就是风水大师，北京的"十三陵"的陵地选址就是被风水大师廖均卿相中后推荐给明成祖的，如图3-9所示。

图3-9 北京"十三陵"全景图

清代设有司天监，主要负责天象观测以及陵墓的堪舆事务。此外，清朝还设有国师府，其任务主要是为王朝寻找风水宝地；其次是破坏民间的地理风水，其目的是使人们不敢反抗朝廷，但这只是封建王朝统治者应用地理风水做他们的统治工具而已。

从以上阐述中可以得知，先秦是风水学说的孕育期，宋代是盛行时期，明清是泛滥时期。20世纪初风水依旧在中国的一些地方（台湾、香港）盛行。

新中国成立以后，由于科学技术的快速发展，风水因含有封建迷信的因素而被彻底批判，勘探风水的热潮在中国大陆逐渐冷却，现在中国的台湾和香港等地区居住的少数人群还比较热衷于"风水"学。我们在学习住宅民俗文化艺术的同时，要能够摒弃封建迷信成分，参考其中的合理成分，较好地应用科学的环境学、心理学、人体工程、环境物理等科学，同时考虑各民族特点和民俗风格，用新思想、新科学理念角度去重新认识。

3.3.2 中国古代五行学说

1. 古代的五行八卦和方位

"五行"具体是指金行、木行、水行、火行、土行，"五行"学说一直是中国古代汉族先贤从事各种研究的工具与方法，道家、医家、兵家、儒家、史家、杂家、历算家都必须精通"五行"。八卦是阴阳、五行的延续，也可将万物分为八卦。八卦是：乾、坎、艮、震、巽、离、坤和兑。八卦通常运用在方位、测卦、风水等学科上，如图3-10所示。

八卦是中国古代的一套有象征意义的符号。用"—"代表阳，"——"代表阴，用三个这样的符号组成八种形式，叫作八卦，具体来说有以下含义。

以五行的木为东、火为南、金为西、水为北、土为中；

以八卦的离为南、坎为北、震为东、兑为西；

以天干的甲乙为东、丙丁为南、艮辛为西、壬葵为北；

以地支的子为北、午为南；

以东方为苍龙、西方为白虎、南方为朱雀、北方为玄武。也就是我们经常说的左青龙，右白虎，前朱雀，后玄武。

古人认为，房屋方位以坐北朝南最好，不仅是为了采光好，还为了避风。这是我们先祖对自然现象的一种认识，得山川之灵气，受日月之光华，颐养身体，陶冶情操。

2. 古代五行相生相克的含义

五行相生：金生水，水生木，木生火，火生土，土生金。

五行相克：金克木，木克土，土克水，水克火，火克金。

1) 五行相生含义

木生火，是因为木性温暖，火隐伏其中，钻木而生火，所以木生火。

火生土，是因为火灼热，所以能够焚烧木，木被焚烧后就变成灰烬，灰即土，所以火生土。

土生金，是因为金需要隐藏在石里，依附着山，津润而生，聚土成山，有山必生石，所以土生金。

金生水，是因为少阴之气（金气）温润流泽，金靠水生，销锻金也可变为水，所以金生水。

水生木，是因为水温润而使树木生长出来，所以水生木，如图 3-11 所示。

图 3-10　五行八卦方位图

图 3-11　五行相生相克图

2) 古代五行运行相克含义

古代五行学说认为，五行运行相克是因为天地之性，如图 3-12 和图 3-13 所示。

众胜寡，故水胜火。（水比火多，就能灭火）

精胜坚，故火胜金。（金虽然坚硬，但也能被精火融化）

刚胜柔，故金胜木。（金比木头刚强）

专胜散，故木胜土。（木为专，土为散，聚在一起胜过分散）

实胜虚，故土胜水。（土为实，水为虚）

图 3-12　室内五行运行图解

图 3-13　室内五行运行分布图

3) 古代的环境选择的要素

在古代风水学里，古人曾将住宅分为三类：一曰井邑之宅，二曰旷野之宅，三曰山谷之宅。城市住宅即属于第一种——井邑之宅。在《阳宅集成》卷一"看龙"条目中这样论述："万瓦鳞鳞市井中，高连屋脊是来龙，虽曰旱龙天上至，还须滴水界真踪。"此即把密集相连的万家屋脊看作蜿蜒起伏的龙脉，那么"滴水界"的水又如何论呢？

古代风水讲究"藏风聚气"，城市的房屋建筑确能起到类似山峦的"藏风聚气"之作用，尤其是那些高大的楼房建筑；风水学重视"导气、界气"，所谓：气之来有水以导之，气之止有水以界之，车水马龙的街道必然有"导气"之功能，无人居住的宽阔马路则定有"界气"之作用，因此城市的街道自然起着类似"水"的作用；环境艺术认为，"有诸内而形于外"，就是说有什么样的外形，便会有什么样的内涵，起什么样的作用，既然城市的楼房建筑有山峦一样的形状、街道有水流一样的特征，它们就有山、水的内涵，起着类似的作用。

环境艺术讲究"曲则有情",城市住宅则畏忌街道直冲;风水学讲究"山环水抱",城市住宅则畏忌风口安居和街道反弓;环境艺术讲究"山谷勿居",城市住宅则畏忌"天斩煞"(两幢高大建筑之间的一条狭窄空隙);风水学讲究"蜿蜒起伏",城市住宅则畏忌笔直僵硬(如高大烟囱等);以此类推。如图3-14所示示例为清明上河图。

图3-14　清明上河图(局部)

3.3.3　民俗文化习惯的形成与融合

民俗文化是指民间、民众的风俗生活文化的统称,是依附不同地域人们的生活习惯而形成的一种民间习俗,它对当今研究我国古代民俗文化具有一定的参考价值。

国人常说:一方水土养一方人,许多民俗的形成则与自然地理环境有密切关系,不同的地域自然环境其民俗风情习惯、地域民俗文化是不一样的。民俗涉及的内容非常广,包含生产劳动民俗、日常生活民俗、社会组织民俗、岁时节日民俗、宗教及巫术、婚丧嫁娶,等等。

1. 民俗文化习惯的形成

一是人类生产活动的原始阶段,由于生产工具简单,生产力水平低下,人类对自然环境的过度依赖而形成的。民族之间因地域条件的不同,生产活动或经济生活方式就会有不同的差异。比如:从南北方的主食情况来看,南方人以大米为主,北方人以面食为主,形成这样的原因就是环境的不同而造成的;其次就是南方气候与北方气候差异,所以就形成了不同民俗饮食现象。

二是自然地理环境不同,产生了不同的地域文化上的差异。中国有着960多万平方公里土地面积,南北纬度跨度很大,包含高山峻岭、丘陵平原、沙漠、丛林和海岛等很多完全不同的地理环境,千奇百怪的自然景观在中国的土地上都可看到。如蒙古族原为游牧民族,今天仍以牧业为主,这主要是因为蒙古族的主要聚居地的自然环境条件更适宜发展牧业;再如居住在大兴安岭中的鄂伦春族,目前狩猎仍是他们重要的生产方式。

再如修建民居，就得考虑当地的环境条件，为什么北方的房屋是平顶，而南方的房屋是尖顶，其原因就是北方少雨水，而南方多雨水之故形成的各不相同的特征。为什么西南地域的人喜欢吃麻辣，其原因就是西南之地多潮湿的缘故而形成的不同地域饮食文化。

2．近代民俗文化的变迁与融合

近代民俗文化变迁是在鸦片战争后中西文化冲突与融合的大环境背景下逐渐演变的。在民俗文化变迁的层面上看，因中西生活方式、信仰的不同及文化符号差异，导致中西传统民俗文化产生强烈冲突。如三纲五常、忠孝节义的中国传统民俗文化和自由、平等、博爱之精神的近代西欧民俗文化就会产生冲突。

中西民俗文化的融合，在某种意义上还基于人类共同的文化感受和文化符号的相同性。如在饮食习俗中，西餐中的一些做法也被吸收到中国的各种菜系之中；在婚俗方面，在城市中普遍盛行的"集体结婚"这种方式打破常规。现在我国青年人举行婚礼，新娘喜欢身着洁白的婚纱在教堂举行西方式的婚礼，一改传统文化中红对联、大红轿、红盖头、大红花、大红请帖等传统婚俗。西式婚礼中的这种白色礼服逐步被国人接受，一种全新的中西合璧"变异性"的新习俗出现在当今的民俗文化日常生活之中。

此外，在民俗文化中很多动物也代表不同的含义，如松、鹤传递长寿的含义，牡丹象征富贵的含义，荷花传递清廉的含义，龙凤、鸳鸯传递出般配、婚姻美满的信息，桔、鸡传递出吉祥的信息，等等，至今还流传在民俗文化之中。

其次，在民俗文化艺术的选择上也趋向理性、舒适性、适用性、美观性等，中西结合的特性得到融合与发展。中国古代民俗的传承随着时代的发展而被补充、修正、更新，但民族特色的主流却是恒定不变的，这正是中国民俗文化有别于其他各国民俗文化的本质性的特征，并由它们来决定民俗的民族式样和风格特征。

总之，近代民俗文化变迁中的"变异性"特征，显现了近代住宅民俗文化艺术融合的趋势，这也是中国住宅民俗文化艺术近代化的象征。

3.4　传统环境艺术与住宅民俗文化艺术

3.4.1　传统环境艺术的核心内容

传统环境艺术探求建筑的择地、布局、防卫和天道自然的协调关系，其核心内容是天人合一。遵循春秋时期哲学家老聃的思想体系，所谓"人法地、地法天、天法道、道法自然"，即"天人合一"的原则，排斥人类对自然的破坏行为，注重人类对环境的感应。也正是"道"是宇宙万物的本体，含有朴素辩证法思想，在协调人与环境的关系上提供了途径，才能够保留上千年，并对现代环境艺术仍产生影响的原因所在。

3.4.2　传统环境艺术对人产生的影响

中国住宅民俗文化艺术是中国民俗文化艺术重要的组成部分，包含传统的环境艺术。古代一些人认为存在气场，并发现了气场学。气场学认为，气场对人体的生理和心理有一定的影响。人体是一个"小磁场",而天地万物是一个"大磁场",人们周围的万物时刻不停地发出一种"微波"与人体的"小磁场"产生物理感应,从而使"磁场"发生变化,巧妙地吻合了老聃的"天人合一"的思想原则。任何可分割的环境和人都堪称物质性的个体,都有自身的"磁场""微波平衡场",个体与个体之间相互搭配,形成了一个"共体大场",这个"大场"作为能量物质与房宅主人时刻进行着能量交换,这就是为什么不讲究"住宅民俗艺术"会碰到"气场"说法的原因。住宅环境作为人休息、交流的场所,其外围环境和内部布局设计得好会对家人的健康、心境、事业发展有着一定的积极影响,如图 3-15 和图 3-16 所示。

图 3-15　室内字画《鸿运当头》图解

图 3-16　室内客厅字画《鸿运当头》的装饰

　　然而,气没有形体,在天,会化作日月星辰;在地,会形成高山大川。人要想聚气以利自身,就需要懂得如何避风聚水,按照古代人的说法,有水的地方,风就无法将气吹散。所以地学之中最上乘的居所便是有水聚集的地方，如果没有水也得找一个将风遮挡隐藏的地方，这样就能够获得生气。

"依山傍水"是中国古人追求理想的住宅环境的最佳依据。因为水有止气，山又有聚气之功能。靠山筑居可以坐享浩然之气，面水而居又不用担心气会被风吹走。但是，现实生活中，依山傍水的理想宝地非常有限，且由于人的活动多受自然限制，也并非所有依山傍水的地方都方便人来居住。如此，人们就需要凭借人力来构建"依山傍水"的景观，从而达到聚气和养气的目的。

3.4.3　住宅民俗文化艺术与迷信

我们该如何正确看待住宅民俗文化艺术？早在2004年，国家住宅与居住环境工程中心发布了《2004年健康住宅技术要点》，明确指出："住宅民俗文化艺术作为一种文化遗产，对人们的意识和行为有深远影响。它既含有科学的成分，又含有迷信的成分。用辩证的观点来看待住宅民俗文化艺术理论，正确理解住宅民俗文化艺术与现代居住理念的一致与矛盾，有利于吸取其精华，摒弃其糟粕，强调人与自然和谐统一，关注居住与自然及环境的整体关系，丰富健康住宅的生态、文化和心理内涵。"

在中国上下五千多年的历史文化长河中，住宅民俗文化艺术学以其独特的思想、理论体系，影响着中华民族数百代的人们。

由于住宅民俗文化艺术贯穿着一条为人们的理想住宅的主线，而这条主线，就是住宅民俗文化艺术在中华民族文化得以存在的生命线，有了这条生命线，住宅民俗文化艺术的合理成分才得以传承至今。

改革开放后，很多专家对这门神秘文化遗产重新审定，发觉住宅民俗文化艺术学说里的一些合理部分是可取的，并受到民众的欢迎，正是因为它符合一部分中国人的心理需求。研究住宅民俗文化艺术学的风气正在形成，同时国际社会有关的科研机构也密切关注着中国研究"住宅民俗文化艺术"的动态。

在地球生态环境日益恶化的今天，人类的生存受到环境的种种制约，如果能够将先人的住宅民俗文化艺术方面的智慧用于我们的城市规划、小区建设、住家设计等各方面，以此减轻生存危机，让更多人的生活环境得到改善与提高，那么我们先人的有关住宅民俗文化艺术的生存哲学与智慧就能够在我们这一代得到传承。每一个爱好探究此道的人，都应该以现代科学知识与理论为基础，弃其糟粕、取其精华，使现代的住宅文化艺术学更加完美、更加科学，从而更好地为人民服务！

3.4.4　研究传统环境艺术的现实意义

有部分学者认为，住宅民俗文化艺术是中国独树一帜的文化现象，它是集古代科学、哲学、美学、伦理学、心理学、民俗乃至生态观念于一体的综合性理论，其内涵是博大精深的。美国城市规划权威凯文奇林在其代表作《都市意象》一书中，称住宅民俗文化艺术理论是一门"前途无量的学问"。世界级建筑大师贝聿铭先生认为：建筑师都相信建筑"住宅民俗文化艺术"。比如说我们要建造房子，背要靠山，前需临水，这就是建筑"住宅民俗文化艺术"。中国台湾等地方民俗文化艺术学者称住宅民俗文化艺术学是"地球磁场学与人类关系学"。

研究传统环境艺术有以下几个方面的现实意义。

(1) 国内现实状况的要求。住宅民俗文化艺术不仅仅是风俗问题，还关系到部分国人的信仰与兴趣嗜好问题。当前我们研究住宅民俗文化艺术的目的，是为生活服务，在批判住宅民俗文化艺术中迷信成分的同时，发掘出住宅民俗文化艺术中的科学精华，让人们厘清住宅民俗文化艺术的本质。

(2) 国外热爱民俗文化艺术学者加入到研究中国住宅民俗文化艺术学的行列对我国住宅民俗文化艺术学说起了一定的推动作用。从范围上讲，民俗环境艺术学研究，起源于中国却不局限于中国。民俗环境艺术并不是现在才发展起来的，在世界上已经遍布全球，虽然国内还没有专门的研究，但是很多国家正在着力研究中国现代民俗环境艺术学生态观的奥妙和在现代室内设计上的应用。

由上所述，当前从住宅民俗文化艺术的角度研究中国住宅民俗文化艺术既有历史意义，又有现实意义，如图 3-17 和图 3-18 所示。

图 3-17　诸葛八卦村

图 3-18　诸葛八卦村全景图

整个村庄是按照依山傍水的环境布局，八卦图形式组成内外八卦，又称诸葛八卦村。水中的一个井就是八卦图里的阴极，阳极(井)在地面上。

3.5 室内环境装饰与环境艺术的应用

室内环境是人们赖以生活、休息、活动的场所，通过设计可以装饰出实用、美观、有丰富文化内涵的现代室内环境，因此，我们在探索相关知识的同时，还要从中国传统文化中吸取营养。从远古时代人类就开始有意识地对自己生产、活动、休息的室内环境进行布置、美化，并在这一过程中形成了环境艺术。近年来随着人们对中华民族传统文化的重新审视，有识之士开始重新注意到住宅民俗文化艺术，特别是有住宅民俗文化艺术主张的人强调要顺应自然、建立人与环境的和谐方面关系等，契合现在社会发展的要求，引起了人们的重视。

有关环境艺术的学说有很多，其范围很宽泛，内容非常繁杂，由于篇幅所限，本节只能够简单地从家庭室内陈设装饰的角度来进行概述。

3.5.1 自然和谐环境的选择

从远古人类懂得择穴而住，到现在的"择宅而住"，人类经过了漫长的历史演变，住宅与人的关系息息相关，一个好的外部环境是选择住宅的必要条件。

先祖流传至今的各种理论为我们提供了丰富的知识，当然其中有封建迷信、歪理邪说，必须摒弃。

3.5.2 室内环境色彩的应用

家装颜色最佳为乳白色、象牙白、白色，这三种颜色使人的视觉神经最舒适，因为太阳光是白色系列代表光明，人的心、眼也需要光明来调和，而且白色系列的家装颜色最好配置家具。

其次，木材原色是最佳的色调，木材之原色使人易生灵感与智慧，尤其书房部分，尽量用木材原色为最佳。总之，房间色调不可过多，以恰到好处为原则，如图 3-19 所示。

室内装饰应该如何搭配色彩呢？

在室内装饰中一般要注意色彩种类不要太多，多了会在视觉上有杂、乱的感觉，如图 3-20 和图 3-21 所示。因此，在运用色彩时要注意以下几点。

(1) 红色过多容易使人的眼睛负担过重，使用不当容易使人的心情暴躁，所以，红色只可作为搭配色调，不可作为主色调，不过佛寺庙宇不在此列。

(2) 粉红使用不当会使人烦躁不安，容易使人情绪激动、心情暴躁，争吵之事频繁，因此，此色慎用。

图 3-19 原色的搭配

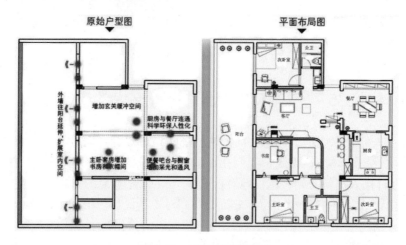

图 3-20　室内平面布局图

图 3-21　室内陈设应用图

(3) 橘红色是充满温暖而富有生气的色彩，如果在室内使用过多也会使人产生厌烦的情绪。

(4) 黄色使用过多不仅会使人心情烦躁不安，还会使脑神经意识出现多层幻觉，有抑郁症者最忌此色。

(5) 绿色使用不当会使人意志渐渐消沉，缺蓬勃生气。事实上我们喜欢自然中的绿色而非人为之调配的绿色。

(6) 深蓝色使用过多，时间久了家中会无形中产生阴气沉沉的感觉，会导致人的个性消极。

(7) 紫色有紫气东来之说，可惜紫色中所带有的红色系列，无形中会发出刺眼的色感，时间久了会对人的视觉神经产生影响。

3.5.3　客厅的布置

客厅不仅是待客的地方，也是家人聚会、聊天的场所，更是热闹、和气的地方。客厅中的挂饰、摆设在某种程度上也是品位、个性的象征。客厅的方位尤其重要，它是权衡一个人的身份、地位、修养、品格的全部,所以客厅的布局及摆设除了须讲究实用及美感上的设计之外,还须注意全客厅的色彩搭配及光线的强弱。温馨雅致的居家环境离不开精巧的布置,才能与室内整体装修风格更加协调。

1. 在摆设方面

1) 家居饰品的摆放

家居饰品的摆放不宜过多,过多则乱。如果空间过于拥挤,使家居饰品流动线不舒畅,会产生视觉上不舒畅。因此,我们要将一些家居饰品组合在一起进行设计,使室内装饰效果更臻完美。其排列的顺序一般是由高到低进行布置。比如,将几个样式的装饰摆件并排,用高低、大小、疏密等手法错落有序地进行组织,同样能够产生和谐的韵律感,给人祥和、温馨、典雅的感觉。另外,摆放家居饰品时前小后大、层次分明,不仅能突出每个家居饰品的特色,并且在视觉上会感觉很舒服,如图3-22所示。

图3-22 装饰品的排列组合

客厅中的鱼缸、盆景能够使室内更富生机,在民俗文化中有"接气"的效果,而鱼种则以色彩缤纷的单数为好,如图3-23所示。

图3-23 鱼缸的装饰

关于鱼缸的放置有几点需要注意：①室内任何装饰品之下都不宜放置鱼缸，以免掉落砸坏玻璃；②鱼缸不宜正对厨房，油烟会污染鱼缸里面的水质；③鱼缸不宜太高，过高容易产生安全问题。

2) 沙发的摆放

沙发要背靠墙。

沙发切忌后面没有靠。其一是没有安全感，其二是没有隐私。但是如果确实难以靠墙，可选择摆放屏风或矮柜。客厅中的沙发套数不可重复，最忌一套半，或是一方一圆两组沙发并用，以避免视觉上的不协调，如图 3-24 所示。

3) 茶几的搭配与摆放

(1) 茶几的搭配。

沙发是主、茶几是宾，茶几的摆设必须和沙发、家装风格互相搭配与呼应。比如，玻璃材质和金属搭配玻璃材质的茶几具有明澈、清新的透明质感，与时尚、现代的装修风格相搭；木质茶几具有温馨之感，可与皮沙发或布艺沙发相搭配；雕花或拼花的木茶几则具有华美之感，而石质的茶几纹理美观，能够传递出自然、朴实的感觉。

(2) 茶几的摆放位置。

茶几的长宽比与沙发围合的区域或房间的长宽比例应相配。小空间放大茶几，茶几会显得喧宾夺主，大空间放小茶几，茶几会显得无足轻重。

茶几的摆放要与整个客厅的装饰陈设基调一致，格局要均衡、疏密相间，在立面布置上要有对比，有照应，切忌堆积一起，不分层次和空间。

茶几要摆放在一个较固定的地方，不要随意地来回移动，以免损坏四角。倘若沙发前的空间不充裕，则可以把茶几改放在沙发旁边，在长形的客厅中，宜在沙发两旁摆放茶几，在视角上比较大方美观。茶几切忌与大门成一直线对冲。

图 3-24　沙发的摆放

图 3-25　茶几的摆放

2. 在客厅颜色的配置方面

客厅颜色配置常用的方法有两种，一种是配和谐色，另一种是配对比色。与摆放点较为接近的颜色为和谐色，比如黑色配红色或白色，红色配白色等；与摆放点对比较强烈的颜色为对比色，比如黑色配白色，蓝色配黄色等，以室内色彩协调为佳。

茶几最好选择与周围的家具同色系的，尽量避免跳跃过大。如果颜色运用得好会呈现另

03

类的效果，但稍有不当就会显得俗气，因此不要轻易选择对比色的茶几。

客厅颜色的配置应遵循以下原则。

(1) 北方的客厅要求室内采光明亮，其颜色的搭配尽量以白色或亮色为主。若暗色调过半，时间长了会使人心情烦闷、压抑。

(2) 正西的客厅应明亮为主，但不要过亮，过亮则少了家的温馨感。色调一般以浅灰色或乳白色为佳。

(3) 东北的客厅不宜太宽阔，多采用白色、土黄色、咖啡色为好。

(4) 正南的客厅不宜留太多的无用空间，可用工艺品或绿化来增加室内效果。

(5) 正北的客厅应该采用宁静及冷清的色彩，不宜太鲜艳，太艳丽显得俗气。

(6) 正西的客厅配置宜丰富，在家具的选择上，一般采用厚重的材料，其色多用黄色或原木色彩；坤宅的客厅最忌讳狭窄，视觉感觉不雅。

(7) 东南的客厅宜浅宜宽，选用绿化、木雕装饰比较理想。

(8) 中间方位的客厅可自由设置，但宜用黄色系统来统一全室效果。

3．客厅装饰物的摆放

1) 客厅字画的摆放讲究

在客厅摆放字画能够更好地营造居家装饰效果。从心理的角度来讲，我们在进行书画选择的时候，要选择一些如意吉祥与美好祝愿的字画。其次，要看室内的装饰风格是否与字画搭配协调等。比如欧式风格的室内搭配中国山水画，中式风格的室内搭配西洋画等都属于不协调的搭配。合理协调的书画装饰可以起到提升室内的艺术品位与视觉效果的作用，如图 3-26所示。

图 3-26　写意花鸟作品

2) 挂画的最佳位置

挂画一般以距地面高 1.4 ~ 1.6 米为宜，根据画幅大小可适当调整高度，如图 3-27 所示。

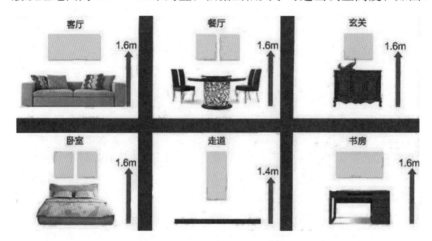

图 3-27　挂字画的最佳位置

3) 客厅饰物摆放

(1) 饰品不要过多，太多就失去了特色。我们在布置家居饰品时，应该将品相最好的饰品摆在室内最佳的位置，相同属性的放在一起，不用急着全部表现出来。分类后，就可依季节或节庆来更换布置，改变不同的居家心情，如图 3-28 所示。

图 3-28　纯天然奇石装饰品

(2) 从小的家居饰品入手。常规搭配的是方配方、圆配圆，但如果用的是对比的方式效果更独特，比如圆配方、横配竖、复杂形状配简单形状等。摆饰、抱枕、桌巾、小挂饰等中小型饰品是最容易上手的布置单品，再慢慢扩散到大型的家具陈设。小的家居饰品往往会成为视觉的焦点，更能体现主人的兴趣爱好和品格修养，如图 3-29 所示。

03

图 3-29　布艺饰品布置

(3) 注重软装饰品设计。每一个季节都可以布置不同颜色、图案的家居布艺，无论是色彩炫丽的印花布，还是华丽的丝绸、浪漫的蕾丝，只需要更换不同风格的家居布艺，就可以变换出不同的家居风格，比换家具更经济、更容易完成。

家饰布艺的色系要统一，使搭配更加和谐，增强居室的整体感。家居中硬的线条和冷色调，都可以用布艺来柔化。春天时，挑选清新的花朵图案，春意盎然；夏天时，选择清爽的水果或花草图案；秋、冬天，则可换上毛茸茸的抱枕，温暖过冬。软装饰品布置如图 3-30 所示。

图 3-30　软装饰品布置

(4) 光线与饰品的应用。摆放位置的光线是确定饰品明暗度的依据，通常在光线好的位置，摆放的饰品色彩可以暗一些，光线暗的地方，摆放色彩明亮点的饰品，这样使人的感觉更清晰，如图 3-31 所示。

图 3-31　光线与饰品的布置

(5) 饰品规格的选择。摆方空间的大小、高度是确定饰品规格的依据。一般来说，摆放饰品的大小和高度是和空间成正比的，如图 3-32 所示。

图 3-32　人工雕刻装饰品

3.5.4　餐厅的布置

餐厅（英文单词：restaurant）是指提供公共餐饮的房间。家庭的餐厅一般与厨房或客厅相连。餐厅的空间是相对独立的一个部分。我们在对餐厅进行布局时，首先，要求餐厅色彩的搭配要温馨，能够增加人的食欲。其色调基本上以明朗轻快的橙色系列较为普遍，这种色调给人一种温馨的感觉，也能够促进人的食欲。其次，餐厅的窗帘、家具、桌布的色彩也要合理地搭配。最后，灯光也是调节餐厅色彩的一种非常好的手段，灯光的色调一般以暖色系为主，为了增进食欲，还可以布置一些字画或植物。

餐厅的布局最好是单独的一间或一个格局，如果一出厨房就是餐厅更好，这样比较方便，距离也最短。

在住宅民俗文化艺术中，餐厅的布局应该注意以下几点。

(1) 一进大门就见餐桌在视觉上有不雅观的感觉。因为餐桌上的东西如果未能及时整理则很容易使室内显得杂乱。解决这一问题的办法就是在餐厅的适当位置用屏风隔挡，也可用一装饰板为墙面作为间隔，以避大门之不利。

(2) 餐厅与厨房共享一室不佳。将餐厅与厨房合二为一，非常不好。因为炒菜时产生的油烟会影响用餐卫生。

餐桌是一家人共同吃饭之处，饭桌的颜色应以选择有生命力的颜色为主，以便刺激食欲，但纯黑色与纯白色却不宜。饭桌的形状多种多样，传统的中国饭桌大多以圆形为主，象征一家团圆。三角形及有锐角的饭桌不宜选用，因为尖角容易伤人，桌顶部亦忌讳有横梁压顶，因为会给人的心理造成一种无形的压力。

(3) 餐桌不宜与大门成直线，若餐桌与大门成一条直线，站在门外便可以看见一家大小在吃饭不雅观。解决的办法就是把餐桌移开，如果因地方小不能够移开，则应放置屏风或板墙作为遮挡。这样既可以解决大门直冲餐桌的问题，也不会因被人干扰而影响进食的愉快心情。

(4) 餐桌不宜被门路直冲。餐桌是一家大小聚首吃饭的所在，必须宁静安稳，才可闲适地享用一日三餐。如果有门路直冲，则会影响家人饮食。因此必须避免餐厅多通。

(5) 餐桌顶部宜平整无缺，若有横梁压顶，或位于楼下，或屋顶倾斜，或横梁压顶等均会造成心理压力。宅内不管哪个地方有横梁压顶都必须设法避免。

(6) 餐桌切忌被厕所门直冲，会影响人的饮食情绪，因此厕所门愈隐蔽愈好。如厕所门正对餐桌更为不雅，解决之法就是把餐桌移到别的位置，如图3-33所示。

图3-33 餐厅的装饰

3.5.5 厨房的布置

厨房是使用频率较高的地方，在这个空间里包含了储藏、清洗、切、炒等环节，在合理的设计中以安全和使用方便为出发点，其中用水、用火等以合理的搭配与使用为原则，用水、用火的安全也是厨房布置的重要问题，如图3-34所示。

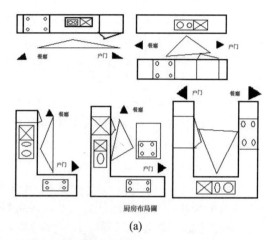

(a)

(b)

图3-34　厨房的布局图

厨房的布局形式应注意以下几点。

(1) 厨房的空间布局是根据空间大小来设计的，不论哪一种房间类型都包含"烹饪中心""储物中心""洗漱中心"三个方面，其中功能性必须放在首要位置。

(2) 厨房的布局形式可分为单边型、双边型、L型、岛型和U型。

单边型厨房：简洁方便，适宜小面积的空间；双边型厨房：布局紧凑，操作方便，这种布局对空间的面积有一定的要求；L型厨房：空间形成三角形，其操作方便，不足之处就是L型形成死角储藏，这种布局方式较多；岛型厨房：在空间中设置一个工作布局，对建筑面积要求较大，欧式厨房比较常见；U型厨房：空间中有两处转角，空间紧凑，工作流线短。

(3) 注意水火的合理使用，避免炉灶向北，因为北方风大，开窗大风一吹，火焰四散，很容易引发安全事故。

(4) 避免把炉灶安放在水道上，避免带来不必要的安全麻烦。

3.5.6　卫生间的布置

卫生间是居住空间中最为私密性的一个区域，现在面积大的住宅一般有两个卫生间，分主卫与次卫，其空间内容包括浴盆、便池、沐浴与盥洗，如图3-35所示。

图 3-35　卫生间的装饰

卫生间的布局要点如下。

(1) 卫生间要注意主卫与次卫的功能特点，公共区域用蹲便器，主人所用的卫生间一般用坐便器。

(2) 卫生间地面砖尽量采用防滑材料，避免滑倒发生安全事故。

(3) 卫生间要考虑防漏水、防雾、通风换气，让外边清新的空气流入，吹散厕所内的污浊空气。还应该注意清洁卫生，防止水道堵塞，给家人带来麻烦。

(4) 卫生间不宜改为睡房。

现代都市地狭人稠，寸土如金，有些家庭为了节省空间，便把其中一间卫生间改作睡房，以多挤些人口，严格来说这是不符合环境卫生的。从传统环境艺术方面来说，卫生间被视为不洁之地，是不卫生的，因为只是把自己那层楼的浴厕改作睡房，但楼上、楼下并不如此，如此一来，自己那层的睡房便被上下层浴厕夹在中间，比较难堪。此外，楼上的浴厕若有污水渗漏，睡在其下的人便会首当其冲，根本不符合环境卫生之道。

3.5.7　卧室的布置

卧室在整个家居环境中是十分重要的空间，也是很私密的空间，人的一生有1/3的时间都在这里度过，从格局上讲，卧室最好是长方形或正方形，面积不要设置过大，超过20平方米，在住宅民俗文化艺术里认为"大房子会吸人气"，住的时间久了身体会虚弱，即便是皇帝的寝宫也是如此。解决的办法是在卧室里划分出一个小的功能空间，如品茶区、阅读休闲区等，如图3-36所示。

图3-36 卧室的装饰

卧室的环境艺术布局应注意以下几个方面。

1. 关于卧室的设计

卧室一般分主卧和次卧。在功能上可分成睡眠区、休闲区和物品存放区三个区域。

(1) 睡眠区：首先考虑睡眠用品（床、床头柜、衣帽架、灯具）的选择与使用，不同年龄阶段的人群对卧室的要求也不同，在考虑功能性的同时还必须注意布局上的舒适性及美感。

(2) 休闲区：在不影响休息的前提下适当安排看书、视听娱乐区域，满足家人的不同喜好。在空间面积允许的情况下还可以恰当地安排梳妆空间，要求光线好，有存放化妆品的地方，还可以安排试衣镜，随时查看自己的整体效果。

(3) 物品存放区：主要是衣柜的布局，在布置衣柜时，要注意日常衣服的种类、尺寸规格以及悬挂折叠方式，尽量满足衣物的储藏与使用。

2. 关于床的摆放

(1) 床头忌讳不靠墙壁。床头宜靠墙，避免露空，从而给人一种依靠感，进而感觉到安全踏实。如果床头后面距离墙壁太远，容易让人感觉不安全、精神恍惚、疑神疑鬼，进而影响健康和工作。

(2) 床头不可紧贴窗口。窗户为理气进出之所，所以若床头贴近窗口，有不安全之感，如果遇到下雨，忘记关窗还会使棉被淋湿，且窗口多蚊虫，夏天会满床都是蚊虫，很不卫生。

(3) 床头不可在横梁下。前面提到过卧室的吊顶宜平坦，忌有横梁。横梁在心理上容易产生重压的感觉，尤其人睡在横梁之下会感受到莫名的压力，导致造成精神上的压迫而影响身心健康。

03

3．其他讲究

(1) 卧室房门不能正对客厅大门，以免影响主人的私密性。卧室房门不可正对厨房或与厨房相邻。厨房炉火煎炒、排出油烟，容易影响卧室的空气，危害主人的身体健康。

(2) 房门不可对着镜子，因镜子反射出人的影子会惊吓自己。

(3) 卧室内电器不宜过多，从医学角度看，电器存在辐射性，可能会损害人的健康。因此，电视不要正对床脚。脚是人的"第二心脏"，处于待机状态的电视若正对床脚，其辐射更容易影响双脚的经络运行及血液循环。

(4) 卧室的光线要适宜，白天应明亮，晚间应昏暗，如图 3-37 所示。

图 3-37　卧室的采光效果

3.5.8　书房的布置

从古到今书房是学业与考试有关的重要场地，书房的布局关系到自己及家人能否静下心来学习。书房必须要有门窗，保证理想的光照和通风，书房切忌过大，或背对大门，以免分散注意力。

书桌宜靠墙摆放，这样才能在单位或学校有所倚靠，获得赏识，忌置于房屋中央，孤立无援。书桌应置于窗户右侧，保证看书时有足够的光线，并避免在桌面上留下阴影。

书桌上的台灯应灵活，可以调节，确保光线的角度、亮度，有空间的话还可适当布置一些盆景、书画，以体现主人的兴趣及文化修养。

书柜的摆法很简单，只要与书桌相反即可。所谓"书桌坐雅，书柜坐俗"。还可以在书柜中留出一些空格来放置工艺品以活跃书房的气氛。一般情况下，书房追求的是实用、简洁，并不一定要投资昂贵，如图 3-38 所示。

图 3-38　书房的装饰

3.5.9　挂钟的摆放

挂钟也是家庭的装饰品，除了可以告知时间外，还具有装饰美化家居环境的作用。因为钟表在不停地运动，代表着时间与空间，能带来活动的气氛。有些地方的民俗认为钟表还有避邪的作用，如图 3-39 所示。我们在布置挂钟时还需注意以下几点。

(1) 高低位置：挂钟不能悬挂太高，也不能太低。所谓太高就是超过人的身高，有种仰视的感觉；挂钟设置得太低，有种让人俯视的感觉。挂钟的高度通常设置在胸口处到眼睛平视的位置。

(2) 挂钟宜摆在客厅与餐厅，但要注意在客厅不可置于沙发上方，常坐此处容易使人出现心神不宁，造成精神上的压迫感。

(3) 朝内不朝外，客厅挂钟忌朝内，朝门或阳台方向比较好。因为当室内无人时，气是静止的，挂钟的摆动可以令气动起来，使室内充满活力。

(4) 挂钟的摆放切忌不能对着家中的大门，一般以挂门侧旁为上。

(5) 卧室、书房尽量不要摆放挂钟，滴答滴答的响声会让人心神不宁，影响生活。

图 3-39　挂钟摆放装饰

3.5.10　镜子的摆放

镜子在视觉上可以营造出宽敞的空间感，还可以增添室内的明亮度，但必须把镜子放置在能反映出赏心悦目的影像处，才能增加屋内好的视觉，如图 3-40 所示。在摆放镜子时需要注意以下几个方面。

(1) 客厅的镜子不能对着家里的任何门，比如进户门、厕所门、卧室门等。如果镜子对着房门，容易影响房间居住人的精神、情绪、脾气。

(2) 进户门的正前方不可挂镜子，第一眼看到镜子很容易使人产生幻觉，自己吓自己。

(3) 两面镜子不可正面相对而悬，否则会导致光线紊乱，来回往返而不能前移。

(4) 沙发后不宜摆放镜子，照后脑勺，会让人觉得精神紧张，感觉背后有人在监视。

图 3-40　玻璃镜的装饰

环境艺术在家居装饰设计中的运用远不止于此，它在不断地发展，通过吸收、借鉴其中的精华，可以使我们设计出越来越符合现代生活的家居环境。住宅民俗中的环境观点是一种传统的文化现象，具有古代朴素唯物主义的思想，是我国文化遗产的一部分，应本着实事求是的态度对待其中的正确与谬误、精华与糟粕、积极意义与消极因素，平心静气地以现代环境艺术、心理学等加以分析、考证，辨清原委，正本清源，从而得出符合历史事实的结论。

课堂小结

　　本章从室内环境装饰的角度，简单介绍了中国古代风水学和民俗文化中的环境观点，并以现代环境艺术和心理学等内容为根本，结合传统环境学中的合理成分，从而更好地为我们的设计服务。

作业布置

　　通过学习了解更多现代环境艺术和传统住宅民俗文化，以现代、科学的环境艺术为根本，对传统环境学说，去其糟粕，取其合理成分，更好地为客户服务。

03

第4章

室内陈设艺术品的选择与设计流程

课程目标

　　本章主要讲述室内陈设艺术设计的流程，使学生掌握陈设艺术设计的设计流程与形式应用法则，并能够在日常生活中应用这些原理，合理地进行设计搭配。

教学重点与难点

　　陈设品的选择与安排。

学　　时

　　理论课时：2课时；实训课时：6课时。

04

4.1　室内陈设艺术品的风格与选择

4.1.1　室内陈设艺术风格的制定

　　不管选择什么风格的陈设品，均应以原有的室内装修的设计风格为蓝本。对于选择的陈设品，一定要知道这些陈设品在室内空间里展示出来的视觉效果。在风格鲜明的室内空间中，应该多布置一些与其风格相似的陈设品；反之，则以陈设品的风格来确定室内风格。应尽量选择那些装饰效果好、造型独特、制作精美、设计新颖、材质好且价格实惠的陈设品，如图4-1所示。

图4-1　几何构成风格的装饰

4.1.2 室内陈设艺术品的选择

选择陈设品一般应根据室内装修的档次和客户的经济实力而定，档次高的室内装修，可选择价格相对偏高的陈设品，可把有档次的陈设品放置在室内主要的空间视觉中心；其他不显眼的室内空间，可适当选择仿制品，其价位相对偏低而且陈设出来的效果也漂亮。所以，在进行陈设设计前首先要做资金预算，在不影响视觉效果的前提下尽量控制投资成本。

其次，还可选择一些废弃物品或其他生活物品包括自然界的花草、奇石、根雕、竹艺术等，自己动手设计改进，只要利用得当都可以发挥奇效，变废为宝，如图4-2所示。

图4-2　生活用品设计

4.1.3 选择室内陈设艺术品的原则

选择室内陈设艺术品必须遵循以下几个原则。

1. 精简

精简不是指什么都没有，精简的目的是艺术提炼、完善，一种恰到好处的表现效果，但如果处理不好则会平淡无彩。室内陈设品的选择首先要精简，达到没有艳俗多余的附加物、体现少而高雅、把室内陈设减少到最小且没有多余物的程度；室内陈设艺术设计以少胜多、以一计十的优秀案例很多，在日常生活中多看、多分析，提高自己的鉴别能力，也是搞好室内陈设艺术的一个重要环节。精简的室内装饰如图4-3所示。

图4-3　精简的室内装饰

2. 独特

独特就是有新意、个性，突破一般艺术规律，在寻常中见神奇，于平凡中见伟大。新意程度可大可小，从整体效果考虑要提倡有突破性，独特反映了创新的艺术效果。如图 4-4 所示为学生在编者的指导下利用废品创作的陈设品。

图 4-4　废品的利用

3. 对比与调和

对比与调和即运用虚实、呼应，借助联想，求得室内陈设品在视觉上产生虚实相生、呼应相随、生动而富有情趣的艺术效果。对比强调差异，无论是物体自身还是相互之间的差异，都会在对比中互相衬托、互相作用。在变化中求调和，实现室内陈设艺术效果中的形式美。在形式的变化中，有强才有弱，有松才有紧，有虚才有实，有急才有缓，它们是相辅相成的对立因素。各种形式美感只有在对比中才能更强烈地表现出来。

所有有关艺术性质的东西都存在对比与调和，陈设品在满足功能性的前提下要与室内环境协调统一，形成一个整体，包括陈设品的种类、造型、规格、材质、色调等。通过陈设品的展示，增添了室内环境的艺术效果，给人们心理和生理上以宁静、平和、温情之感。例如：方与圆是形的对比，明与暗是色的对比，粗糙与光洁是质的对比，动与静是感觉的对比，等等，如图 4-5 所示。

图 4-5　色彩对比与调和之美

4. 均衡与对称

均衡与对称基本相同，又略有差异。均衡是一种视觉和心理感受，而对称则具体表现在形式上。

(1) 均衡是异形同量的组合，生活中从力的均衡上给人以稳定的视觉艺术，可以使人们获得视觉均衡的心理感受。在室内陈设选择中，均衡是指在室内空间布局上，各种陈设的形、色、光、质保持等同的或近似的量与数，通过这种布置保持一种安定状态时就产生了均衡的效果，如图4-6所示。

图4-6　形态和色彩的均衡搭配之美

04

(2) 对称是同形同量的组合，对称又可以分为相对的和绝对的两种对称形式，上下左右对称，以及同形、同色、同质的绝对对称，和同形不同质或同形、同质不同色等都称为相对对称。对称不同于均衡的是它产生了形式美，在室内陈设选择中经常采用对称，如家具的排列，墙面艺术品的排列，天花的喷淋、空调口、灯饰等都常采用对称形式，使人们感受到有序、庄重、整齐、和谐之美，如图4-7所示。

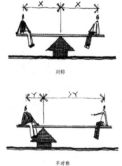

图4-7　对称形态组合之美

5. 色调

色调原指画面色彩的调子，是一种画面色彩结构的整体印象，它由明度基调、颜色基调两个因素决定。色调由色相、明度、纯度、冷暖、面积等多种因素构成，色调强调不同的对比会出现不同的视觉效果。陈设品要选用不同的色相作为基调，在选定时要结合装修的整体色调，适度协调反映出最佳效果。在定色调时还要考虑光源影响，很多陈设物对光源吸收和反射后会呈现出各种色彩，不同的波长、可见光会引起人们视觉上不同的色彩感觉。室内色彩搭配设计如图 4-8 所示。

高明度

中明度

低明度

图 4-8　室内色彩搭配设计

6. 有序

有序是一切美感的根本，是反复、韵律、渐次和谐的基础，也是比例、平衡对比的根源，组织有规律的空间形态产生井然有序的美感，有条、有理、有序是整齐的美，越复杂的造型，就越发需要在环境中构成的条理。在室内陈设中如大宴会厅的圆桌有规律地排列，剧院中的座位成形排列，大空间的立柱等轴线竖立，天花的灯饰与出气口的均匀布置都体现了有序的美，如图 4-9 所示。

图 4-9　剧院色彩搭配设计

7. 呼应

呼应是指画面各形式语言（点、线、面、黑白等）相互呼应。画面各因素成分不能只有一个或只出现一次，否则画面就会显得孤立。呼应的方式有形的呼应和色调的呼应两种，属于均衡的形式美。呼应包括相应对称、相对对称，在陈设的布局中，陈设间和陈设与天花、墙、地以及家具等相呼应达到一定的艺术效果。

(1)形的呼应是指画面上存在某一类形时，其他地方也应该有类似的形作为回应，如图4-10所示。

图4-10 形的呼应之美

(2)色调的呼应相对指一种色调不只在某一地方孤立，而应当在其他地方有同样的形作点缀，使画面产生迂回，为之回应，从而增强画面整体感，如图4-11所示。

图4-11 色的呼应之美

8. 层次

要追求空间的层次感，如色彩从冷到暖，明度从暗到亮，造型从小到大、从方到圆、从高到低、从粗到细，质地从单一到多样，从虚到实等都可以形成富有层次的变化。通过层次变化，可以丰富陈设效果，但必须使用恰当的比例关系和适合环境的层次需求，采取适宜的层次处理，以造成良好的观感，如图4-12所示。

9. 节奏

节奏的基础是条理性和重复性，节奏具有情感需求的表现，对同一个单纯造型进行连续排列所产生的排列效果往往一般，但是如果加以变化，适当地进行长短、粗细、直斜、色彩等方面的突变，对比组合后会产生有节奏的韵律和丰富的艺术效果，如图 4-13 所示。

图 4-12　商业空间层次之美

图 4-13　商业空间装饰节奏之美

10. 质感

陈设品的材质肌理体现物品的表面质感效果，陈设品肌理会使人们感觉到干湿、软硬、粗细、有纹无纹、有规律无规律、有光与无光。通过陈设的选择来适应建筑装饰环境的特定要求，可以提高整体效果，如图 4-14 所示。

图 4-14　室内陈设材质的搭配

4.2　陈设设计效果图的表达

陈设设计效果图无论用何种形式来表现，都可以看作是设计者的构想图。它集中体现了设计师的设计构思、创意、表达，也可以说是一种形象说明。效果图的表现手法多种多样，有铅笔素描表现、水粉表现、水彩表现、钢笔淡彩表现、马克笔表现、喷绘表现、电脑辅助设计表现，等等，如图4-15所示。

图4-15　室内设计表现效果图

4.2.1　徒手表现陈设设计图

徒手表现是设计师同自己的一种对话，也是演绎创意的手段。手绘的目的在于寻找一种载体，使纸上的图形最终成为现实生活中的实体。它的最大价值在于设计的构思过程和原创精神。

1. 概念图片

在确认相应的设计风格后，根据空间类型、空间性质，设计师对空间的整体构思挑选相应的参考图片贴成图板向甲方汇报、交流，这是业界首选的方法。由于图片反映物品的真实效果，能比较准确地表达设计理念，甲方很容易辨识相应的内容，可以直观地感受到设计师的意图，对于方案的确认有很大的帮助，如图4-16所示。

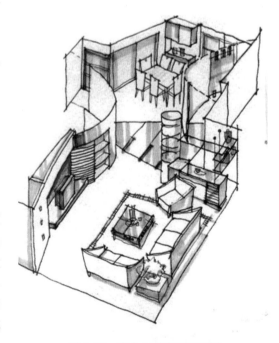

图4-16　室内立面空间表现图

2. 概念草图

对于有的空间来说，概念图片只能示意性地表示所选物品的效果，有些因为与实际设计空间不符，甲方更需要看到自己项目的效果，这时设计师手绘的概念草图就是很好的表达方法。设计师可以利用草图将陈设品在空间中的关系表现出来，再利用图片的指示作用清晰地表达设计理念，是沟通时便利的交流方法，如图4-17所示。

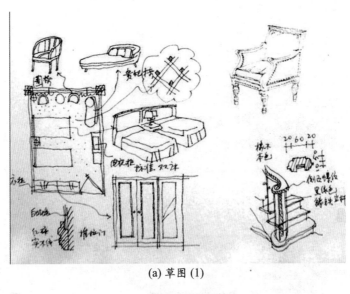

(a) 草图 (1)

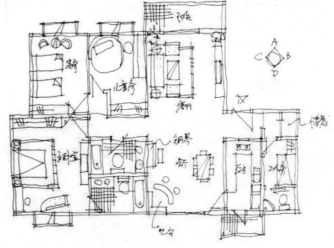

(b) 草图 (2)

图4-17　室内概念草图

3. 设计平面图

在形成方案概念这个阶段，设计师不需要绘制正式的立面图，仅需要将平面按照需要进行调整即可。在平面图中，需要将各空间内容中大件的陈设品数量进行标识，过小的物品诸如台面小摆件在图中可忽略不计。平面图的主要作用是便于显示出大件陈设品的具体信息，便于甲方整体地感受空间效果和控制成本造价，如图4-18所示。

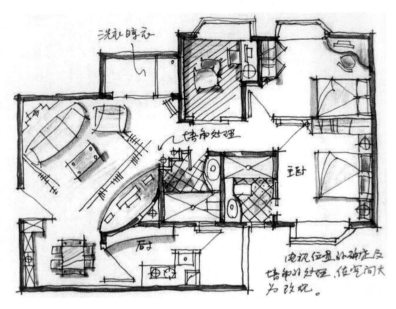

图 4-18　手绘设计平面图

4. 手绘陈设设计效果图

1) 手绘陈设设计效果图

手绘效果图是将设计内容用钢笔勾线；用马克笔或彩色铅笔敷色的一种快速表达设计稿的方式，画面效果轻快靓丽。手绘图是设计师与非专业人员之间最快的沟通媒介，对决策起到一定的作用。它是设计师艺术地、完整地表达设计思想的最直接有效的方法，也是判断设计师水准的最直接的依据，如图 4-19 和图 4-20 所示。

图 4-19　马克笔手绘表现效果图

图 4-20　马克笔、彩铅表现效果图

近年来随着现代科技的发展，有些设计师运用电脑制作表现效果图，但从艺术效果上看，远远不如手绘效果图生动。因此，我们要注意手绘效果图的学习，在理论方面要掌握手绘效果图技法课程的相关知识；在实际上，要结合实际学习，这不仅对于我们掌握手绘效果图技法具有促进作用，而且对今后在设计创作的实践中不断增强完善设计方案的能力具有十分重要的意义。

2) 电脑辅助效果图

电脑效果图是电脑高科技和绘画艺术相结合的产物，主要功能是将平面的图纸三维化、仿真化，通过高仿真的制作，来检查设计方案的细微瑕疵或进行项目方案修改的推敲。陈设艺术设计很少用电脑表现陈设效果图，因为手绘表现可以用最少的时间把设计意图表达清楚，没有必要再浪费多余的时间和精力。如果使用电脑图，则多半是根据客户的需要而制作的，如图 4-21 和图 4-22 所示。

5. 简易动画效果或剖面图

由于一部分陈设设计项目是设计师自己公司的室内设计项目，前期的电脑效果图或 PPT 文件准备充分，因此他们可以利用这一便利条件，制作简单的动画，将整个空间的陈设效果展示出来，这是最直观的一种方法，如图 4-23 所示。但是，这需要一定的时间和人力，一般应用在投标项目中，凸显公司的实力和细节的把控能力。设计师可根据具体的情况选择实施。

图 4-21　电脑辅助效果图

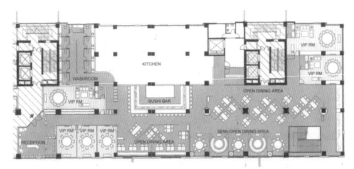

图 4-22　电脑辅助平面图与效果图

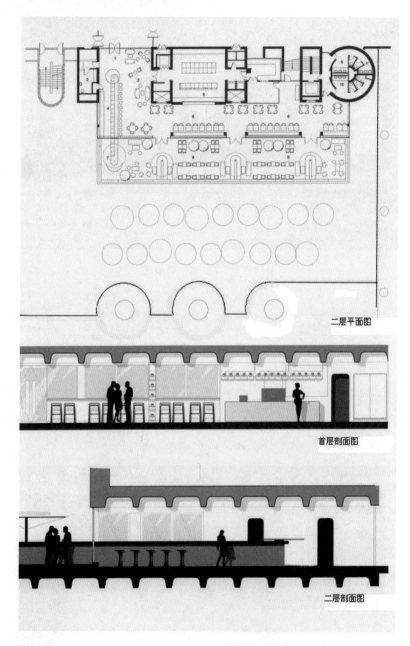

二层平面图

首层剖面图

二层剖面图

图4-23　陈设设计平面图与剖面图

4.2.2　陈设设计图片注释

图片注释就是用文字对图片进行解释和说明，目的是使客户容易看懂，让客户一看介绍、评议的文字就知道这张图片的用途，如图4-24所示。

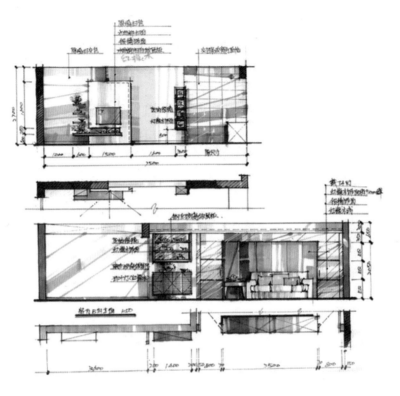

(a) 施工图 (1)

04

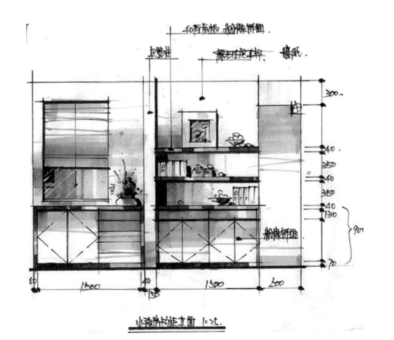

(b) 施工图 (2)

图 4-24　设计图纸解释和说明（施工图）

4.2.3 陈设设计文案策划

陈设设计文案策划是通过编辑、撰写文字内容表达陈设设计者的设计创意。

1. 陈设设计文案策划的要求

陈设设计文案策划应达到以下几个方面的要求。

(1) 语言准确规范、点明主题。

语言准确、规范是编写文案的最基本要求。编写文案时为了实现对设计者的设计主题和创意的有效表现，首先，文案中的语言表达要规范完整，避免语法错误或表达残缺；其次，文案中所使用的语言要准确无误，避免产生歧义或误解；再次，文案中的语言要符合语言表达习惯，不可生搬硬套，自己创造众所不知的词汇；最后，文案中的语言要尽量通俗化、大众化，避免使用冷僻或者过于专业化的词语。

(2) 表达文字简明精练、言简意赅。

文案在文字语言的编排上，要简明精练、言简意赅。第一，要以尽可能少的语言表达出陈设设计主题的内涵；第二，简明精练的文字加上注目的视觉图片等，此类文案有助于吸引客户的注意力并能迅速记住设计主题思想；第三，要尽量使用简短的句子，以防止客户因语句冗长而产生反感。

(3) 视觉效果生动形象、表明创意。

文案中的生动形象能够吸引客户的注意，激发他们的兴趣。在进行文案创作时，要采用生动活泼、新颖独特的语言，同时辅助以一定的视觉图像来配合说明其陈设设计意图。

2. 陈设设计文案策划的构成

陈设设计文案由创意设计标题、设计说明、设计口号、具体实施方案以及图像构成。在陈设设计文案中，文案的文字与视觉图案、图形同等重要，图形具有前期的冲击力，主题思想命题具有较深的影响力。

(1) 创意设计标题：它是陈设设计主题思想的命题，往往也是文案内容的表达重点。它的作用在于吸引客户对文案的注意，产生印象，引起对陈设设计方案的兴趣。只有当客户对标题产生兴趣时，才会阅读正文。标题的设计形式有：情报式、问答式、祈使式、新闻式、口号式、暗示等。标题撰写时语言要简明扼要、易懂易记、传递清楚、新颖个性，句子中的文字数量一般在 12 个字以内为宜。

(2) 设计说明：设计说明是对陈设设计方案以文字的形式具体说明设计者的设计意图，增加客户对方案的了解与认识，以理服人。撰写内容要实事求是，通俗易懂。不论采用何种题材式样，都要抓住主要的信息来叙述，言简意赅。比如陈设品的品种、款式、材料、色彩、品位倾向、文化素养等。

(3) 设计口号：口号是战略性的语言，是陈设设计方案的主题、精髓，目的是经过反复和相同的表现，使客户留下深刻印象。口号常用的形式有联想式、比喻式、推理式、赞扬式、命令式。口号的撰写要注意简洁明了、语言明确、独创有趣、便于记忆等。

4.3 软装设计的流程

软装室内陈设艺术设计的流程通常可以分五个阶段来进行初步布局，首先是前期(准备工作)，然后是设计方案、陈设设计、设计表现、制作施工，最后向使用单位交代日常的维护和更新问题。

4.3.1 软装陈设艺术设计前期(准备工作)

1. 签订设计合同与现场勘察

(1)跟客户签订设计合同，然后与客户沟通交流，了解客户的家装风格、家具风格、色彩偏好、家庭成员年龄构成状况、个人的兴趣爱好、职业特点、投入预算等综合信息。

(2) 进行现场勘察。

准备工具：尺子、照相机。

流程：①测量空间尺度，了解硬装基础；②测量尺寸，画出平面图和立面图；③给房屋的各个角落拍照，从平行透视(大场景)、成角透视(小场景)、节点(重点局部)等不同角度把握空间特点。

要点：测量是硬装后测量，在构思配饰产品时对空间尺寸要把握准确。

(3) 确定需求。准备图片资料，将与客户需求相近的图片案例提供给客户，供其挑选，并与客户深入沟通，了解客户对各类风格的观点和看法。有图片示例作为参照，双方的沟通会更清晰简单，能更迅速地找到契合点。在这个环节，最主要的就是确定色彩和风格两大主题。

2. 设计风格的提出

基本流程：在与客户确定设计风格、签订设计服务合同后，依据合同要求向客户(甲方)提供设计服务。设计风格需要分别从客户(甲方)对设计的要求、空间性质、设计风格、设计概念提出的方式等几方面因素来综合考虑。

要点：以客户的需求结合原有的硬装风格进行风格定位，注意硬装与后期配饰的和谐统一。在与客户沟通时，要尽量从装修时的风格开始，涉及家具、布艺、饰品等产品细节的元素探讨时，要注意捕捉客户喜好。

4.3.2 设计方案

1. 二次空间测量

流程：设计师带着基本构思框架到现场，反复测量，对细部进行纠正，核实产品尺寸，尤其是家具，要对长×宽×高全面核实，反复感受现场的合理性。

要点：配饰方案的实际操作是这一步的关键环节。

2. 空间性质设计初步方案

流程：按照配饰设计流程进行方案制作，注意产品的比重关系(家具60%，布艺20%，其他20%)。

要点：如果是刚开始学习配饰的人，最好做2～3套方案，使客户有所选择。

3. 正式签订设计合同

流程：初步方案经过客户确认后，双方可以签订《软装设计合同》。第一期设计费按设计费总价的60%收取，测量费并入第一期设计费。如果3日后客户提出对初步方案不满意，可以在扣除测量费后全额退还第一期设计费并解除合同。

4. 配饰元素信息采集

流程：家具可选择品牌(市场考察)，也可定制。对于定制的家具，要求供应商提供CAD图、产品列表、报价、布艺、软装材料等，并对产品进行考察。产品采集表包含灯饰、装饰品、书画、绿化等。

此阶段主要的工作：收集陈设设计资料，综合分析硬装情况，构思陈设设计方案，与同类陈设设计方案进行比较。

4.3.3　陈设设计方案表现

陈设设计方案表现以装饰风格元素为主题，不同风格以不同内容加以表现，提取装修的文化内涵为陈设设计服务。室内陈设应表达一定的思想、内涵和文化素养，对塑造室内环境形象、表达室内气氛起到画龙点睛的作用。策划文案中应体现地域文化特色。

1. 软装方案定制

流程：在与客户达成对定制方案初步认可的基础上，通过对产品的调整，明确方案中各项产品的价格及组合效果，按照配饰流程进行方案制作，出台完整的配饰设计方案。

要点：本环节是在初步方案得到客户的基本认同的前提下提出的正式方案，可以在客户对色彩、风格、产品、款型认可的前提下作两种报价形式(中档和高档)，使客户有选择的余地。

2. 软装方案的讲解

流程：为客户全面而系统地介绍正式方案，在介绍过程中不断听取客户的意见并做出反馈，征求所有家庭成员的意见并进行归纳，以便下一步对方案进行修改。

要点：好的方案仅占 30 ~ 40 分，另外的 60 ~ 70 分取决于设计师的有效的表达，因此在向客户介绍方案前要认真准备，精心安排。

3. 软装方案的修改

流程：在向客户进行完整讲解后，针对客户反馈的意见，对方案包括色彩、风格、配饰元素和价格等作出调整。深入分析客户对方案的理解和意见。

要点：客户对方案的调整有时与专业的设计师有出入，需要设计师认真分析客户的理解程度，这样方案的调整才能有针对性。

4. 软装确定配饰及产品

流程：与客户签订采买合同之前，先与配饰产品商核定产品的价格及存货，再与客户确定配饰产品。按照配饰方案中的列表逐一确认家具品牌产品，先带客户进行样品确定，定制产品，设计师要向厂家索要 CAD 图并配在方案中。

要点：配饰项目是关键一环，为后面的采买合同提供依据。

4.3.4　制作施工

1. 签订采买合同

流程：与客户签订采买合同，与厂商签订订购合同。

要点：①与客户签订合同，尤其是定制家具部分，要在厂商确保发货的时间基础上再加15 天左右。②与家具厂商签订合同时注明毛茬家具生产完成后要进行初步验收。③设计师要在家具未上油漆之前亲自到工厂验货，对材质、工艺进行把关。

2. 购买产品

流程：在与客户签约后，按照设计方案的排序进行配饰产品的采购与定制。一般情况下，配饰项目中的家具先确定并采购(30~40天)，第二是布艺和软装材料(10天)，其他配饰品如需要定制也要考虑时间。

要点：细节决定设计师的水平。

3. 产品进场前复尺寸

流程：在家具即将出厂或送到现场时，设计师要再次对现场空间进行复尺寸，已经确定的家具和布艺等尺寸在现场进行核定。

要点：这是产品进场的最后一关，如有问题尚可调整。

4. 软装方案的讲解

流程：作为软装配饰设计师，产品的实际摆放能力同样重要。一般会按照软装材料—家具—布艺—书画—饰品等顺序进行调整摆放。每次产品到场，都要设计师亲自参与摆放。

要点：软装配饰不是元素的堆砌，而是提高生活品质的体现。配饰元素的组合摆放要充分考虑到元素之间的关系以及主人的生活习惯。

4.3.5　饰后服务

软装配置完成后做一次保洁。要定期回访跟踪，如有问题及时送修。

本章学习了室内设计的风格特征，介绍了设计的过程及如何进行设计。

根据个人经验对某居住空间进行室内陈设设计方案训练。写出项目的分析过程、设计概念的来源及相应的空间形态策划方向，并在此基础上完成设计选题，对方案作出说明。

第5章

室内陈设艺术设计空间的运用

课程目标

本章是室内陈设艺术设计实训部分，主要介绍日常生活中常见的空间包括居住空间、餐饮空间、娱乐空间、办公空间、酒店空间以及会所空间的陈设设计的运用与方法，培养学生的设计能力。

教学重点与难点

各种常见空间与设计的运用。

学　　时

理论课时：2 课时；实训课时：14 课时。

业内人士常说，室内装饰是对建筑工程的第二次空间限定，那么，我们也可以说，室内陈设艺术设计空间的运用是对建筑工程装饰环境艺术空间的再次限定。它是在对室内装饰进行艺术处理的基础上对室内环境艺术空间的第二次延伸，俗称第二次装饰。它对建筑装饰的和谐、优美、舒适度所起到的进一步提升的作用是毋庸置疑的。室内空间装饰如图 5-1 所示。

图 5-1　室内空间装饰

5.1　室内装饰空间的划分

通常，在建筑装饰设计中对室内空间的划分采取垂直划分与水平划分两种处理手法。下面就两类划分的操作方法作一个简单的阐述。

5.1.1　垂直类划分

所谓垂直类划分，就是将室内空间沿着与地面相切90度方向划分空间，它的手段多种多样，主要有以下几种。

1. 软隔断划分

软隔断是一种上部带滑道，用化纤织物制成的帘状物悬挂形成的柔性的隔断，也有用软塑料制成的折叠式连接物，而最简单的软隔断就是布帘。这种手段常用于可弹性利用空间的情况下，如在卧室中临时划出一个学习空间等，如图5-2所示。

图5-2　软隔断(材质：银箔漆半透明，透光网格树脂布)

如图5-2所示的软隔断主体的材料是一种网格树脂布，透光，站在印好的画面前，背后的景物依稀可见。有些实，又有点虚；空气似流动，人若画中游，感觉很妙。优点是可自由调节布帘的高度。下杆分量足，不会出现风一吹就飘的现象。可拆卸，可更换画面。可用湿抹布擦。

2. 陈设划分

这种划分形式常常用通到天棚的实物与适当的家具进行配合，将室内空间分隔开来。陈设划分无论在公共建筑还是住宅建筑的室内设计中均常采用，如图5-3所示。

图5-3　室内空间分隔划分

3. 绿化划分

绿化划分是室内的植物与适当的家具式建筑构件相配合，构成对室内空间的轻度划分。它既可以保持大空间的完整，又能使室内空间的功能有一定的区分，如图5-4所示。

图5-4 室内植物的空间分割

4. 家具划分

利用家具来划分空间是处理室内空间的常见形式，但是处理得好坏却是一个十分重要的问题。在采用这种手段时，一定要注意被划分的各空间之间要有明确的区域和主从关系，切不可分隔得过于零乱，如图5-5所示。

图5-5 家具空间的划分

5. 列柱划分

把柱子在空间里排列起来，从一定的角度观看会产生一面墙的感觉。这种柱子往往不是建筑物真实、必需的柱子，而是根据室内空间需要设置的。这种划分使人感到分中有台，合中有分，是心理上的空间划分形式，主要目的在于表现特定室内空间气氛的需要，如图5-6所示。

05

图 5-6　列柱空间的划分

5.1.2　水平类划分

所谓水平类划分，顾名思义就是划分体与地面呈 180° 的平行关系，目的在于充分地利用室内空间，使室内空间的组织更加丰富，与垂直类划分产生对比效应，进而增加生动感。

水平类划分的主要形式有以下三种。

1. 凸提划分

所谓凸提划分，就是将室内地面局部铺设线条装饰，凸出地面，以此来暗示室内空间的不同区域。这种划分形式在公共建筑和家庭居住空间中都是常常应用的形式，如图 5-7 所示。

2. 凹陷划分

所谓凹陷划分是凸提划分的相对形式。一种是升高局部空间，另一种是将室内的局部空间降低，进而产生不同心理的联想空间形态，又不失去室内的整体空间效果。这种划分在居室和大型休息厅中常被采用，如图 5-8 所示。

3.悬板划分

所谓悬板划分，就是利用天棚悬吊适当面积的悬板，对室内空间做水平方向的划分。这种形式的目的不在于利用空间，而在于打破空间的单调感，使之更加丰富、充实，进而增加室内的情趣，如图 5-9 所示。

图 5-7　凸提式空间的划分

图 5-8　凹陷式空间的划分

图 5-9　天棚悬吊装饰

5.2　室内空间的布局原则与要素

5.2.1　住宅坐向与周边环境的分析

了解、掌握住宅的坐向、周边环境、平面结构、使用功能，是设计人员做好室内陈设设计的基础与先决条件。只有充分了解住宅的相关信息，才能达到陈设与室内装饰珠联璧合、增光溢彩的目的。

住宅是坐北朝南还是东西向，决定了住宅的季节温差、光照强弱，这一切给人的感官刺激是不尽相同的，因而需要在布局、色彩、灯光设计上采用不同的方案。

同时，周边环境是否依山傍水，是否林立在建筑群中，小区环境景观如何，都与陈设设计有着极大的关联。

此外，建筑装饰的风格，文化内涵的表述，业主、顾客的爱好等也是陈设设计必须考虑的重要因素。如图5-10所示为临水的建筑群。

图 5-10　临水的建筑群

5.2.2　住宅内部使用功能分析

住宅建筑依据地域、坐向等因素，内部布局有所不同，户型千变万化，但使用功能却是相同的，不外乎有以下七个范畴（公共建筑远超住宅建筑的使用空间，如泳池、歌厅、舞池、茶室等，本节仅以住宅建筑为例进行阐释）。

1. 门厅（玄关、过厅、过道）、楼梯

门厅是从家庭入口到其他房间的一个过渡空间，它的基本功是起缓和冲击作用，此外，人们进入家门后一般在此换鞋和整装。楼梯是联系上下两层的通道，也是一个过渡区域。门厅过道如图5-11所示。

2. 起居室（客厅）

起居室是从事日常起居活动的区域，如看报纸、欣赏音乐，等等。客厅具有会客的空间属性。在我国当前的居住水平下，一般将起居室与客厅合二为一。起居室兼客厅应具备上述两种空间的功能，如图 5-12 所示。

图 5-11　门厅过道

图 5-12　会客厅

3. 餐厅

餐厅为居室的用餐空间。餐厅除用餐外还应具有储藏用具和食品饮料的功能，如图 5-13 所示。

4. 工作室、书房

工作室、书房为从事创作、阅读等个人活动的场所。书房如图 5-14 所示。

图 5-13　餐厅

图 5-14　书房

5. 卧室（分为主卧、儿卧、老人卧、客卧、佣人卧等）

卧室是供睡眠、进行私密活动及储藏物品的场所，其功能包括睡眠、储藏、阅读及梳妆等，如图 5-15 所示。

6. 厨房

厨房的功能主要是对食物进行处理加工，如图 5-16 所示。

7. 卫生间

卫生间是集沐浴、更衣、洗漱、化妆、如厕等多种功能于一体的综合空间，如图 5-17 所示。

图 5-15 卧室

图 5-16 厨房

图 5-17 卫生间

5.2.3 住宅空间设计的布局和要求

(1) 住宅空间的布局要具有公共活动空间和私密空间两大功能，公共活动空间为家庭成员共同使用的区域，相对具有开放性，譬如门厅、客厅、餐厅、休闲厅等。公共空间的布局如图 5-18 所示。

私密性空间一般指卧室、书房、卫生间等区域，是家庭成员单独使用的空间，相对独立、封闭，讲究私密性，追求隐蔽、静谧。私密空间的布局如图 5-19 所示。

图 5-18　公共空间的布局

图 5-19　私密空间的布局

(2) 空间的规划要做到功能完备，使用合理。住宅空间必须满足家庭成员日常生活习惯的要求，如必要的会客、就餐、休息、卫浴、烹饪等功能。在满足需要的基础上，合理安排各个区域的位置关系，以方便使用，如图 5-20 所示。

另外，空间安排要考虑到不同区域的流动性。如客厅、餐厅、卫生盥洗室是通行频繁的区域，而卧室、书房等却属于安静的空间。因此，要在人流动上、通行尺寸上重点布局，如图 5-21 所示。

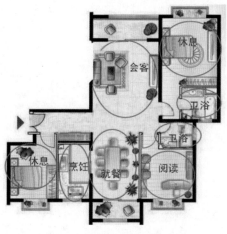

图 5-20　空间的使用功能布局

图 5-21　空间的动态与布局

5.3　住宅陈设在居住空间的运用

　　居室中除了固定装饰的构建外，可移动的布置物品都可称为"陈设"。居室陈设是室内设计的重要部分，是在对居室进行美化与装饰时既灵活又有效的布置手法。

　　陈设物品种类繁多，根据不同物品的作用，可分为功能性陈设物品和装饰性陈设物品，如图 5-22 ～图 5-24 所示。

图 5-22　功能性陈设装饰酒架

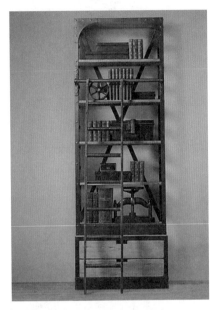

图 5-23　功能性陈设装饰收藏品架

05

(1)

(2)

图 5-24　装饰性室内陈设

(3)

图 5-24　装饰性室内陈设

1. 陈设物品布置的原则

选择陈设品的风格由居室装修风格决定，陈设品风格与居室风格一致，可使空间产生统一、协调的效果，增加居室环境的人文与艺术氛围，如图 5-25 所示。

图 5-25　风格协调的室内陈设

2. 陈设物品的选用

1) 家具陈设

配置家具时需要考虑以下几个方面。

① 考虑家具尺度与空间尺度、家具与空间的比例关系；

② 家具与居室风格相协调；

③ 家具与室内色彩搭配相协调；

④ 考虑绿色环保的要求。如图 5-26 所示。

2) 装饰织物陈设

装饰织物在居室中主要应用于地毯、窗帘、家具表面遮饰物（如桌布等）、床上用品、壁挂等方面。

选择装饰织物时应遵循以下几个原则。

① 织物颜色必须服从居室整体色调，一般使用与居室色调较为临近的近似色。

② 在面料质地的选择上，也要与布饰品的功能相统一。

③ 对于像窗帘、帷幔、壁挂等悬挂的布饰，其面积的大小、纵横尺寸、色彩、图案、款式等要与居室的空间、立面尺度相匹配，在视觉上也要取得平衡感。

④ 铺陈的布饰如地毯、台布、床罩等应与室内地面、家具的尺寸相和谐，要维护地面和床的稳定感。

⑤ 在居室的整体布置上，布饰也要与其他装饰相呼应和协调，如图5-27所示。

图 5-26　室内风格协调的休闲会所

05

(1)

图 5-27　室内装饰织物陈设

(2)

图 5-27　室内装饰织物陈设（续）

3) 灯具陈设布置

　　灯具是光源、灯体、灯罩及其他附件的总称。灯具在居室中既能够起到照亮空间的作用，又能够起到渲染环境气氛、增加室内装饰效果的作用。

　　布置灯具时应注意以下几个方面的问题。

　　① 灯具的布置应符合空间的总体风格。

　　② 灯具的布置应考虑空间的功能要求。

　　③ 灯具的布置应适应空间形态的尺度。

　　④ 灯具的布置应满足室内的照度需要。

　　室内灯具陈设装饰布置如图 5-28 所示。

图 5-28　室内灯具陈设装饰布置

图 5-28 室内灯具陈设装饰布置（续）

3. 住宅室内环境的绿化设计

居室内适当选择植物、花卉陈设已成为当代人布置居室重要的设计内容。居室中引入绿化植物，既可以美化环境、陶冶情操，又可以净化空气、调节室温，还可以利用植物景观对空间进行分隔、组织。

室内绿化的布置方式有以下几种。

(1) 边角点缀与局部装饰。

大株的盆栽常常放置在居室的边角地带，如墙角、沙发角落等，起到装饰、点缀的作用。小型的瓶装、盆装花卉通常放置在家具、台面上视平线范围易于看到的地方，起局部点缀作用，如图 5-29 所示。

图 5-29 室内绿化的装饰

(2) 利用植物的形、色特性，形成背景，衬托出空间的环境氛围，如图 5-30 所示。

图 5-30　植物与空间环境

4. 室内养花和其他植物注意事项

(1) 室内适合选择四季常青、能吸有毒气体的品种，如吊兰、文竹、万年青、仙人掌、常青藤、芦荟等。

(2) 病房、卧室不宜养花。丁香、夜来香、夹竹桃、郁金香、松柏类花木等对健康不利。

(3) 花香过浓会伤身。花香可以治病，但香味过浓会刺激人体呼吸、神经组织。

5.4　室内陈设在餐饮空间中的运用

曾经火爆荧屏的社会人文节目《舌尖上的中国》，是一档介绍全国各地美食的系列电视纪录片。它的开播开创了很高的收视率，足以说明中国的餐饮业在今天社会生活中的重要性。当下的消费群体除了满足自己味蕾的刺激之外，也十分注重从餐饮中获得精神享受。因此，餐厅的环境与氛围所具备的文明与文化内涵，是吸引顾客的重要诱因。人类在历史发展的过程中，在多元的世界文化的影响下，逐步形成了多元的饮食文化。每个民族都有自己独特的风俗民情，这些习俗也与饮食相关联。在餐厅的陈设设计中，要充分运用其民族元素，将其民族风格和特色展现在顾客面前。

餐饮业根据经营的产品、服务对象的不同，装饰风格迥异。餐厅大致分为：中西餐厅、宾馆宴会厅、休闲度假村、咖啡厅、酒店、酒吧，等等。反映在空间陈设设计上，也有所区别，但不同餐饮空间的陈设设计流程大体上是可以通用的。只要将室内陈设设计与社会文化、情感需求、审美价值趋向相结合，就能创造出具有艺术美感的餐饮空间。

通常中餐厅环境陈设设计以中国传统风格为基调，结合中国传统建筑构件，如斗拱、红漆柱、雕梁画栋、沥粉彩画等，经过提炼，塑造出庄严、典雅、敦厚、方正的陈设效果，同时通过题字、书法、绘画、器物，借景摆放，呈现高雅脱俗的性灵境界。中餐厅设计如图5-31所示。

图 5-31　中餐厅设计

西餐厅环境陈设设计常以西方传统建筑模式，如古老的柱饰、门窗，优美的铸铁工艺、漂亮的彩绘玻璃及现代派绘画、现代雕塑等，作为"西餐厅"的主要陈设内容，并且常常配置钢琴、烛台、别致的桌布、豪华的餐具等，呈现出安静、舒适、幽雅、宁静的环境气氛，体现西方人的餐饮文明与文化档次。麦当劳、肯德基一类的快餐厅，反映的是一个"快"字，用餐者不会多停留，更不会对周围景致用心观看、细细品味，所以陈设艺术的手段也以粗线条、快节奏、明快色彩、做简洁的色块装饰为最佳，如图5-32～图5-34所示。

餐厅的空间划分主要有：入口、接待、存储、等候、酒水柜、收银台、客席、包厢、服务台、配餐、厨房、库房、职员更衣室等。因此，功能分区里的空间界面处理十分重要。室内空间在业界被称为三大界面，即地面、墙面和顶面。陈设品的布置和选择应从三大界面的装饰风格、材料、色彩来规划布局，给人一种视觉与心灵的融通。

图 5-32　国外快餐厅

图 5-33　国外咖啡店酒吧

图 5-34　肯德基快餐厅

5.4.1　餐厅各空间界面的陈设处理

(1) 地面跟人的活动密切相关，如餐厅的入口、自动梯、楼梯处，都属于餐厅内顾客的主通道，厅堂则是顾客的主要活动场所。地面陈设通常在隅角、转折处摆放装饰品，如花架、柜架等。还有灯光的运用，植物与流水的配合，等等。但一定要依据地面铺设物对墙和家具的颜色进行设置，如图 5-35 所示。

图 5-35　餐厅各空间的表现

(2) 餐厅顶面主要依赖于吊顶造型设计来决定其风格，以表述餐饮特色。顶棚的主要陈设手段是灯饰，可以通过悬挂装饰物来进一步烘托餐厅的特色。如宫灯、织锦、中国结、大红灯笼等。如图 5-36 和图 5-37 所示。

图 5-36　餐厅各空间的气氛的烘托设计

05

图 5-37　餐厅各空间的吊顶造型设计

(3) 墙、柱面主要处理手段是使用各类墙衣材料，墙衣材料分软质类和硬质类。除了简单地用乳胶漆等涂料对墙面进行涂刷或喷涂处理外，还普遍使用纤纤织物、大理石、墙砖等。玻璃墙面、金属墙面、竹木墙面也是设计师常常采用的。装饰灯具、陈列架、墙绘、壁挂、壁饰、隔断是陈设设计必不可少的运用手法，如图 5-38 和图 5-39 所示。

图 5-38　快餐厅

05

图 5-39　现代快餐厅

5.4.2　陈设品的布置和选择对餐饮空间界面的影响

1. 家具类

由于餐饮空间的家具比较多，体量也较大，在餐厅内部十分突出，因而其尺寸、颜色对于空间影响很大。一般小面积的餐厅利用低矮和水平方向的家具使空间显得宽敞、舒展；大面积、净空较高的空间则用高靠背和色彩活跃的家具来减弱空旷感。所以，家具的陈设、选择和布置方式，对于餐厅设计的整体效果起着重要的协调作用，如图 5-40 ～图 5-42 所示。

图 5-40　中式餐厅家具与陈设品的合理搭配

图 5-41　西餐厅家具与陈设品的合理搭配

图 5-42　休闲会所家具与陈设品的合理搭配

2. 照明类

光是体现室内一切，包括空间、色彩、质感等审美要素的必要条件。只有通过光，才能产生视觉效果。但是提供光亮、满足人的视觉功能的需要只是照明的其中一项功能，仅能提供光亮的餐厅是不能吸引顾客的。主题餐饮空间照明的另一个重要功能与色彩在餐厅中所扮演的角色相同，即塑造整个餐厅的气氛、强调优雅的格调、创造预期的餐厅效果。灯光照明也是改变室内气氛和情调的最简捷的方法，它可以增添空间感，削弱室内原有的缺陷。光照和光影效果还是构成餐饮空间环境的最为生动的美学因素。

餐饮空间可采用多种类型的照明方法。直接照明能创造小环境的亲切感并加强重点效果；间接照明常用于强调特征和柔和感，为了增加光源的层次感和舒适性，可安装调节器；散光照明能带来满堂明亮。主题餐饮空间的照明设计特别是营业厅的照明设计，除了满足基本照度外，更重要的是创造出良好的光照环境和独特的艺术氛围。因此，不论是基于灯的装饰效果还是光源的需要，灯具都应该与餐厅的主题风格和主次轻重一致。照明首先要满足亮度的需要，其次是考虑其艺术效果。

小型餐饮空间的营业厅白天营业时有可能是自然采光，但是大部分商店的营业厅由于进深大，空间有墙面或是柱体做结构支撑，通常需补充人工照明，如图5-43所示。

图 5-43　餐饮空间的照明

3. 艺术品摆设

艺术品的摆放对室内环境气氛和风格起着"画龙点睛"的作用。艺术品由于陈设点的不同、大小不同、风格不同，对餐厅的空间气氛会起到不同的作用。艺术品的选择和使用要根据餐厅整体的主题设计风格而决定。在风格古朴的餐厅内，铜饰、石雕、古董、陶瓷和古旧家具等是最好的艺术陈设品。在传统风格的中式餐厅中，中国的青铜器、漆艺、彩陶、画像砖以及书画都是最佳的装饰品。在主题风味餐厅中，可以选用具有浓郁地方特色的装饰艺术品，如潮州菜馆可摆放大型的潮州木雕和贴金画银的木雕装饰物；如经营民族特色菜的餐馆可摆设一些民间工艺品，玻璃、刺绣、织花、编艺、蜡染、剪纸等均有独特的民俗味道；如现代风格的餐厅，则摆设一些简洁、抽象的、工业化比较强烈的、现代风格的装饰艺术品，如图 5-44 所示。

图 5-44　餐饮空间的装饰

4. 绿化植物陈设

室内绿化在现代室内设计中具有不能替代的特殊作用。室内绿化具有改革室内小气候和吸附粉尘的功能，更为主要的是，室内绿化使室内环境生机勃勃，带来自然气息，令人赏心悦目，特别是在餐饮空间中能起到柔化室内环境、协调人们心理平衡的作用。

由于人们对大自然的向往。对植物的偏爱和赞美，加上绿化植物可以调节人的精神、调节室内空气、减少噪音、改善小气候、增加视觉和听觉的舒适度，使得绿化植物陈设成为餐饮空间设计中必不可少的一个组成部分。它主要是利用植物的材料并结合常见的园林设计手法和方法，组织、完善、美化餐饮空间，协调人与环境的关系，丰富并升华了主题餐饮空间。绿化植物极富观赏性，能吸引人们的注意力，起到空间的提示与引导作用。植物不仅可以作为空间的间隔，还可以阻挡视线，围合成具有相对独立性的私密空间，如图 5-45 和图 5-46 所示。

图 5-45　餐饮空间的绿化

图 5-46　休闲空间的绿化

5. 织物的陈设

　　餐饮空间内经常会使用织物。由于织物在餐厅的覆盖面积大，因而对餐厅的室内气氛、格调、意境等起着很大的作用。而且织物本身具有柔软、触感舒适的特殊性，能够有效地增加空间的亲和力。主题餐饮空间的织物一般有地毯、台布、窗帘、吊帘、墙布、壁挂等。餐厅织物材料和工艺手段在主题餐饮空间设计中具有举足轻重的地位。由于织物的原料、织法、工艺等的不同，织物表面的视感和触感也不相同。餐饮空间的织物使用如图 5-47 所示。

图 5-47　餐饮空间的织物使用

5.5　娱乐空间陈设设计

　　顾名思义,娱乐是与工作相对的概念,娱乐空间是人们在工作之余聚会、用餐、欣赏表演、松弛身心和情感交流的场所。从古时的篝火围坐到街头杂耍、茶楼评书以及欧洲酒吧,乃至现代的歌舞厅、夜总会,随着时代的变迁,娱乐空间不断改变着自己的形象,完善着其独特的使用功能。娱乐空间的设计应从健康、轻松、休闲的目的出发,打破严谨、规范的老框框,树立动态、宣泄的新理念,为现代人提供一个放松身心,纵情愉悦的公共场所。陈设设计通过光影与色彩的作用,可以打造出轻松活泼、文化艺术气氛浓郁的环境,如图 5-48 和图 5-49所示。

图 5-48　娱乐空间——歌舞厅

图 5-48　娱乐空间——歌舞厅（续）

　　相反，影剧院由于座椅排列整齐，家具造型单一，空间造型设计要体现出庄重、气派或简洁、亲切的特点。陈设设计的重点，应表现在对总体色调的把握及顶棚与墙面的装饰上，以家具的色彩构成影剧院的主色调，亦可根据空间不同大小、不同风格，以传统花饰，古典的欧洲式样、简洁的抽象几何形，塑造多层次空间，造出风格迥异的影视观赏天地，如图 5-50 所示。

图 5-49　娱乐空间——夜总会

图 5-50　娱乐空间——影剧院

5.6 办公空间陈设设计

5.6.1 办公室陈设设计的基本要素

从办公室的特征与功能要求来看，办公室陈设设计有以下几个基本要素。

1. 秩序感

设计中的秩序是指形的反复、形的节奏、形的完整和形的简洁。秩序感在办公室陈设设计中至为重要，主要目的是创造一种安静、平和与整洁的办公环境。家具样式与色彩的统一、平面布置的规整性、隔断高低尺寸与色彩材料的统一、天花的平整性与墙面不带花哨的装饰、合理的室内色调及人流的导向等，这些都与秩序感密切相关，如图5-51和图5-52所示。

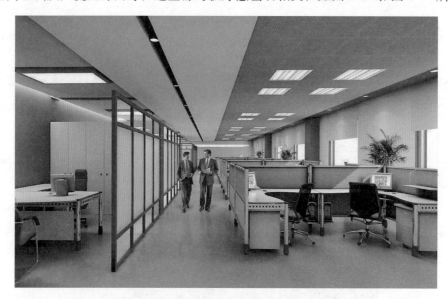

图 5-51 围合式办公环境空间设计

图 5-52 开敞式办公环境设计

2. 明快感

办公环境明快是指办公环境的色调干净明亮，灯光布置合理，有充足的光线等，这也是由办公室的功能要求所决定的。明快的色调给人以洁净之感，使人心情愉快，明快的色调也可在白天增加室内的采光度。现在有很多设计师将明度较高的绿色引入办公室，这类设计往往给人一种良好的视觉效果，从而创造一种盎然的春意，如图 5-53 和图 5-54 所示。

图 5-53　明快的公共办公环境

图 5-54　明快的单独办公环境

3. 现代感

为了便于思想交流、加强民主管理，我国许多公司的办公室往往采用共享空间——开敞式设计，这种设计已成为现代新型办公室的特征，成为现代办公室新空间的概念。现代办公室陈设设计注重将自然环境引入室内，绿化室内外的环境，给办公环境带来一派生机，这也是现代办公室的另一特征。现代人机学的出现，使办公设备在适合人机学的要求下日益增多与完善，办公的科学化、自动化给人类工作带来了极大方便，如图 5-55 和图 5-56 所示。

图 5-55　开敞式办公室

图 5-56　深圳南山会议室设计

5.6.2 前台和会议室——集中展示整体形象

随着企业间国际竞争的加剧，公司门面装饰越来越成为实力的一种表现。整体的良好印象来自一致的装修风格，它可以加强公司的实力感、正规感、文化感、认同感、冲击感。这些印象从生意伙伴接触的几个主要场地：前台、会议室、经理办公室集中体现出来。前台是体现公司形象的门户所在，客户和生意伙伴的第一印象从前台开始，因此前台的装修绝对不能轻率应付。前台的风格与公司的整体风格相匹配，不同风格的前台在设计中材质的使用是影响最大的因素，而从细节上来说，最主要的是用料的细腻，如图 5-57 所示。作为大多数客户必到的地方，不仅要表达整体形象，而且要采用装修策略，减少对抗，为自己和生意伙伴创造愉快放松的商业洽谈氛围，为商业洽谈的成功助力，如图 5-58 所示。

图 5-57 公司前台设计

图 5-58 多功能会议室设计

5.6.3 办公家具与植物的布置

现在许多家具公司设计了矮隔断式的家具，它可将数张办公桌以隔断方式相连，形成一个小组，我们可在布局中将这些小组以直排或斜排的方法来巧妙组合，使设计在变化中达到合理的要求。办公柜的布置应尽量依靠"墙体"。

室内摆设写字台最理想的方案是：写字台之后是踏踏实实的墙，左边是窗，透过窗是一幅美的自然风景，这就形成了一个景色优美、采光良好、通风适宜的工作环境。门应开在写字台前方右角上，从而使办公者不易受门外噪音的干扰和他人的窥视。如图 5-59 所示。

花卉和植物是世界上百看不厌的东西。在自己的座位附近陈设一些或大或小、与周围环境搭配的花卉和植物，让所有工作的人都有好心情，让办公室气氛祥和，办公效率将会大大提高，如图 5-60 所示。

图 5-59 办公桌的摆放

图 5-60 办公室的绿化

5.6.4　办公室的色彩与心理

　　色彩对人的心理可起到"建设"或"破坏"的作用，在办公室中，色彩对人心理的影响不可小视。不要因为办公室工作过于单调，办公家具的色彩搭配就"五彩缤纷"。若色彩搭配不和谐，非但不能使人感到舒适，色彩的失衡还会加重人的疲劳。办公室的每一种色彩都有它自己的语言，会向他人传达一定的心理信息。如黑色给人以孤独感，但同时也有一种高贵和庄重；棕色让人觉得老气横秋，但不同浓度的棕色会产生出几分优雅；大红大粉过于张扬，若与安静的冷色搭调，则能够显出年轻的活泼；本白土黄过分素净，若与快乐的暖色牵手，就易于露出自己的典雅。色彩有自己的品性与格调，让不同性格的色彩互相帮衬，才能一改办公室沉闷的气氛，拥有五彩缤纷的丰盈，如图 5-61 和图 5-62 所示。

图 5-61　办公室的色彩应用

图 5-62　办公室的色彩、绿化应用

现代办公家具一般有黑色、灰色、棕色、暗红和素蓝色五种色调，通常不同种类的灰色用于办公桌，黑、棕色用于老板间和会客室的桌椅，素蓝和暗红多作办公室用椅。

一般来说，办公室色彩的配置要依照"大跳跃、小和谐"的原则。大跳跃是指办公室之间的色彩变化。比如你有三间办公室，三间屋子可选择完全不同的主调，但每间屋的门窗、桌椅和地板甚至明面的办公室档案和琐碎的办公用品都要保持自己的整体和谐，这就是小和谐的原则。这样，尽管你的工作活动范围有限，但每到一处都会给你耳目一新的感觉，如图 5-63 所示。

图 5-63　办公室的色彩的应用

5.7　酒店空间陈设设计

　　酒店是以服务为主的，它为客人提供居住、工作以及生活的物理性空间。作为酒店空间的陈设设计，是酒店空间的后期装修，是在不改变室内及建筑物结构的基础上对室内环境进行再创造的设计。设计师要结合酒店管理公司的理念以及酒店的运营方式，充分发挥空间的使用功能，为最终的服务产品提供合理的格局。

　　酒店陈设设计的要求可分两点，一是满足功能需求，要求设计师有针对性地完善对酒店空间环境的使用功能；二是审美性需求，要求酒店陈设设计能更好地烘托酒店空间氛围，突出酒店空间设计的风格，创造出更符合人的生理和心理需求、更优化的酒店环境，如图5-64所示。

图 5-64　酒店空间陈设设计

5.7.1　酒店空间设计原则

　　酒店空间陈设设计的理念应遵循酒店的经营、服务理念。在"以客人为中心"的经营理念下，酒店陈设设计注重突出宽敞、华丽、轻松的气氛，给客人带来美的享受。因此，酒店陈设设计理念依酒店的经营理念而定，配合大堂的整体风格和效果，其设计原则主要有以下几点。

　　1. 满足功能需求

　　功能是设计中最"原始"的层次。通常，在做酒店陈设设计时，应考虑的功能性内容包括以下几个方面：

　　①环境的比例尺度；

　　②空间体量的布置；

　　③所设服务场所的家具及陈设物布置、设备安排；

　　④照明；

　　⑤绿化；

　　⑥整体氛围等。

　　酒店空间如图5-65所示。

图 5-65　酒店空间

2. 整体感

　　酒店分隔的各个空间具备不同的使用功能。进行陈设设计时，应注意各空间的特点及风格，若只求多样而不求统一，或只注重细部和局部而不注重整体要求，势必会破坏酒店空间的整体效果而显得零乱、松散。所以，陈设设计应遵循"求同存异"的要求，注重整体感的形成，如图 5-66 和图 5-67 所示。

图 5-66　质朴的酒店空间装饰

图 5-67　富丽堂皇酒店空间装饰

3. 风格与特色

陈设设计时，除创新外，还应注重实用功能。比如确定酒店空间的陈设设计主题，并以现代技术将其表现出来。如果过分注重空间的视觉效果，便常常会忽略酒店空间本身的主角——人。因此，陈设设计应在以人为本的前提下，尽可能地发挥独特的风格与特色，如图 5-68 所示。

图 5-68　酒店的不同材质的装饰风格

5.7.2　酒店入口

　　酒店的入口是宾客出入酒店的必经之地，给客人以第一印象。酒店入口的陈设设计直接反映酒店整个空间设计的风格。

　　酒店入口设计装饰有以下几种类型。

1. 棚架式

　　棚架式酒店入口一般采用钢化玻璃、金属材料与透明张拉膜等材料构成斜坡式、篷帐式、半球式和尖顶式等形态各异的棚架造型。其入口的陈设设计可采用富有立体感、光亮度强、特殊质地的新材料和新工艺，再配上流动感强的现代灯饰、雕塑，以引起宾客的浓厚兴趣。这类酒店入口处造型新颖、美观且富有现代特色，如图 5-69 和图 5-70 所示。

图 5-69　不同材质酒店的装饰风格

图 5-70　不同材质酒店的装饰风格

2. 花园式

花园式酒店入口通常有流畅的人流线、回车线环绕其间，有绿植与花草交叉组成的各种图案、标志，再辅以雕塑、园林灯柱、栏杆的适当点缀，并与门旁的盆景相呼应，整个店门前洋溢着浓郁的自然气息，如图 5-71 所示。

图 5-71　新加坡皇家花园酒店设计

3. 门面式

门面式酒店入口的特点是将门面设计装饰与广告促销进行有效组合。这类酒店入口的陈设设计可利用玻璃门、落地窗张贴巨大的广告艺术画，安装霓虹灯，以展示酒店的特色风貌，如图 5-72 所示。

图 5-72　门面式酒店外观

5.7.3　酒店大堂

酒店大堂是宾客办理入住、休息、退房等手续的空间，是通向酒店其他主要公共空间的交通枢纽。其陈设设计、布局以及所营造出的独特氛围，将直接影响酒店的形象。

1. 酒店大堂的风格类型

酒店大堂有以下几种风格类型。

1) 庭园式

环境陈设设计引入假山、流水、绿植，造就庭中公园般景色。例如，在大堂内利用假山让水自高处泻下，形成人工瀑布，其落差和水声使大堂内变得有声有色；或者种植、摆放大量的植物，设置小巧的凉亭与瀑布，使大堂空间更富自然山水的意境。进行陈设设计时，应注意确保整体空间的协调，使花木搭配与季节、植物习性等自然规律相符，假山的形状与水体的流通设计合理，庭园式酒店大堂设计如图 5-73 所示。

图 5-73　庭园式酒店大堂设计

2) 现代式

这类大堂设计装饰追求简洁明亮。其陈设设计可采用新型设计材料及新工艺创造具有趣味造型的灯饰、雕塑、绿植，再辅以不锈钢陈设品等反光性强的材料装饰，显得玲珑剔透，充满现代感，让客人感觉情趣无穷，如图 5-74 所示。

图 5-74　现代式大堂设计

3) 古典式

此类大堂具有浓厚的传统色彩，大堂内设有古董般的吊灯、绘画、造型艺术，让客人感受到大堂空间的古朴典雅及传奇色彩，如图 5-75 所示。

图 5-75　古典式酒店大堂设计

05

4) 重技式

其设计注重新材料、新工艺。如美国的希尔顿酒店的大堂，设置了用几十根金属管组成的高大雕塑，并以金黄色喷涂其表面，使整个大堂空间充满了生机和活力，营造出迎候八方来客的浓郁氛围。重技式酒店大堂设计如图 5-76 和图 5-77 所示。

图 5-76　美国的希尔顿酒店大堂设计

图 5-77　千岛湖酒店大堂设计

2. 酒店大堂的陈设设计

酒店大堂的空间是个复合功能空间，它既包含迎宾、接待、问讯、前台办理、商务中心等功能，又能作为餐饮、休息、过厅及中庭使用。这些功能不同的场所为大堂空间的充分利用及其陈设设计氛围的营造提供了良好的客观条件。如新加坡泛太平洋大酒店，其大堂中庭就是充分利用建筑提供的空间，在装饰、陈设上精心设计，层层穿插，错落有致的红纱灯笼串似从天而降，加上暗红色织物盘旋而上的抽象造型，构成了一幅绚丽壮观的立体画面，令人叹为观止，如图 5-78 所示。

图 5-78　新加坡泛太平洋大酒店

对于酒店大堂陈设设计，可将它们看成不是由固定、绝对的大小尺度来确定的点、线、面或体，因为对其获得的感觉还取决于一定的视野、观察位置以及与周围其他物体的比例关系等因素。通常，点因其体量小而以位置为特征；线以长度、方向为特征；面不仅具有长度，还有相当的宽度；而体则以体重大小为特征。它们在大堂空间中各有各的独特表现，从而形成各自不同的作用和视觉效果，如图 5-79 所示。

图 5-79　中式酒店大堂设计

1) 点

点是一个相对的概念，只要相对于所处的空间来说够小且以所处位置为特征的物体，都可看作点。在酒店大堂空间中，点是处处可见的，它可起到凝聚客人视线或标明位置的作用。

比如酒店大堂中的主题雕塑或其他主题饰物，与大堂空间相比尺度很小，但它却是视觉和心理的中心。尤其是形状与背景有明显形状大小对比，或是色彩突出且有动感的点，更能引人注目，必然成为大堂中的视觉中心，如某酒店大堂中的精致木雕壁画。

除具有上佳的观赏性外，点还使大堂空间显得更为精美和富有文化意味，如图 5-80 和图 5-81 所示。

现代简约风格的室内空间设计，经常运用点的特性来传达情感，通过对点的元素巧妙运用，产生了多种变化和错觉。打破了大面积统一产生的呆板之感，给人新的视觉享受。

图 5-80　点的构成在设计中的运用　　　　图 5-81　点线的构成变化在酒店设计中的运用

2) 线型

线的类型很多，有直线、曲线，直线又可分为垂直、水平和各种角度的斜线；曲线也可细分为几何形、有机形和自由形三种。而线与线相连接又会形成更复杂的线型，比如折线是直线的接合，波形线则是弧线的接合等。在酒店大堂设计过程中，有些线被刻意强调出来，如能起到空间隔断作用的线帘、珠帘等，如图 5-82 和图 5-83 所示。

任何物体的轮廓都是由线组成的各种设计元素，线具有较丰富的感性性格，不同粗细的线具有不一样的性格。对点、线、面的艺术处理创造出丰富多彩的室内环境。

图 5-82　线的构成变化在酒店设计中的运用

3) 面

在酒店大堂空间设计中，最常见的面莫过于顶面、墙面和基面。大堂的墙面作为设计要素，可在墙上设置壁画或放置软装饰，烘托环境气氛，如图 5-83 和图 5-84 所示。

图 5-83　新加坡皇家花园酒店设计（线面组合）

4) 体量

体量以线为边缘，参照一个面的外轮廓或一个三维立体的边界而形成。对体量的感知，应靠形式和背景之间视觉对比的程度。大堂空间通常涉及的形状有：围起大堂的界面（顶、墙、地）、构件、家具、绿化、水体、雕塑、灯具及陈设等。形状一般可分为自然形、非具象形和几何形三类。

① 自然形。它表现出自然界中的各种形象，其形状可以被人为抽象化，但仍保留着天然来源的特点。利用绿植、水体使整个空间显得生气勃勃。

② 抽象形。它往往按照某一程式化演变而来，如书法或符号蕴含着某种象征性意义。也有些是依据它们的纯视觉的几何性而生成。

③ 几何形。它几乎主宰了大堂空间设计的环境，形成了两种截然不同的种类——直线型与曲线型。在所有形态中，最易被人记住的是圆形、正方形和三角形，反映到三维中，就形成了球体、圆柱体和立方体等，如家具、灯饰、雕塑等。

图5-84　新中式风格酒店设计，禅意现代意境东方元素(线面组合)

5) 方位

形式方位的确定，对于大堂的整体格局以及空间的组织、分隔有着很大的影响。当一座主题雕塑在大堂空间中处于中心位置时，易成为大堂中心的视觉中心并引起客人的视觉注意，且能将周围其他要素组织起来；即使它由中心位置被挪开，仍将保留这种独立的性质，而且具有动态效果，使大堂空间富有变化。

　6) 照明

　光是大堂活力的主要来源。灯饰设计的首要任务是要满足酒店大堂合理的照度，方便为客人服务。特定的采光可选用不同发光体的组合来实现。选用何种发光体，如何布置，光源的视觉效果 (点状的、线状的、平面的或立体的) 以及布置图案等，均应视采光空间的性质及所要达到的效果而设计。酒店大堂多采用豪华水晶吊灯。

　除此之外，陈设设计师会特意将创意融入此空间中，添加一些特有的元素，如人文元素、自然装饰元素等。此外，一定要与周围的装饰环境相匹配，要考虑到诸多因素，如地毯、沙发、桌台甚至墙壁、台阶等，如图 5-85 ～图 5-88 所示。

图 5-85　酒店前台灯饰设计

图 5-86　酒店大堂灯饰照明设计

图 5-87　福州贵安世纪金源温泉大饭店

图 5-88　酒店休闲区照明设计

7) 质感与肌理

所谓质感，是指材料表面显现出的视觉感受，以反映表面的相对粗糙或平滑程度，也可形容实体表面的特殊品质，如大堂前台台面石材的粗糙面、家具木材的纹理、金属类的陈设品等。不同的质感给人以不同的触觉和视觉，如光洁的花岗岩表面常令人感到生硬而无人情味；金属材料常令人感到有现代感、坚固而不笨重；木材则是温暖舒适的。所有材料在一定程度上都具有一种质感，而材料的肌理愈细，其表面所呈现的效果就愈光洁平滑。甚至很粗的质地从远处看去，也会呈现相对平整的效果。因此，大堂陈设设计选用材料时，有些位置不必非选用高档、豪华材料不可；相反，一些适宜而又普通的材料反而显得恰如其分，相得益彰，并将局部的高档材料衬托出来，如图 5-89 ~ 图 5-91 所示。

05

图 5-89　超豪华装饰

图 5-90　希尔顿酒店

图 5-91　超现实主义巴黎时尚作品

8) 色彩

　　所有色彩的属性都是相互关联的。而且，实体色彩的明显变化，除了光照效果以外，还包括材料本身颜色、环境色和背景色的并列而产生效果。这就需要在进行陈设设计时考虑色彩在光照作用下的相互关系。同时，色彩运用得恰当与否还取决于色彩方案中的配色是否适合，即调和与对比两大类。因此，在大堂空间制定色彩方案时，应认真考虑将要设定的色彩、基调及色块的分布，不仅要满足空间的应用，还应顾及大堂的性格及其个性张扬。比如，广州帽峰沁园酒店将色彩明亮的红灯笼作为大堂共享空间的装饰吊件，改变了原空间的空旷感与坚硬感，使整个大堂环境变得活泼、丰富、热烈，如图 5-92 所示。昆明泰隆宏瑞酒店设计典雅豪华，如图 5-93 所示。

图 5-92　广州帽峰沁园酒店

图 5-93　昆明泰隆宏瑞饭店

3. 前台

前台是大堂活动的主要焦点,向客人提供咨询、入住登记、离店结算、兑换外币、转达信息、贵重品保存等服务。前台的设计应注意以下事项。

(1) 前台的电脑要可以随时显示客人的全部资料,包括预订、入住、押金、个人资料、离店、店内消费记账等;平均 50 ~ 80 间客房设立一部前台电脑。

(2) 前台可以设置为桌台式(坐式),也可以设置为柜式(站立式);前台两端不宜完全封闭,应设置不小于一人宽度的进出口,便于前台人员随时为客人提供个性化服务。

(3) 站式前台的长度与酒店的类型、规模、客源定位和风格均有关。通常每 50 ~ 80 间客房为一个单元,每个单元的宽度可以控制在 1.8 米。

(4) 坐式前台应以办理入住手续为主,同时必须另外配置一组站式的独立结算柜台。

(5) 每个前台工作单元中应至少包括一台电脑,一台账单打印机,一部电话机,一组客人资料抽屉或抽拉柜,登记单,信用卡单,一组放置发票,留言笺,店用信纸、笔、客房卡封及磁卡的综合抽柜或格桶,以最方便、快速取用为原则。

(6) 房价表、汇率表等都不应出现在墙上,因为酒店不是银行,过浓的商业气氛会极大地降低酒店的品位。

(7) 根据设计风格可放置典型的装饰品及绿植,如图 5-94 和图 5-95 所示。

图 5-94 前台设计　　　　　　　　　　图 5-95 酒店前台

4. 宾客休息区

宾客休息区是酒店陈设设计中的一个重要环节,在拉近与宾客之间的距离、体现酒店真诚的服务态度、实现信息的良好传递等许多方面起着重要的作用。在具体设计中可以从位置、灯光、色调、布置以及绿化等几个方面进行体现。

营造静逸的环境能很好地排除宾客内心激烈、活跃的心绪和身体机能的疲劳,形成平静、和谐的心态。

宾客休息区配套的家具有沙发、座椅、茶几等,不管是欧式的、新古典主义的或者哥特式的,酒店的室内家具主要还是体现以人为本的设计,如图 5-96 和图 5-97 所示。

图 5-96　宁波开元名都大酒店

05

图 5-97　福州香格里拉大酒店

宾客休息区的家具主要有以下几种。

1) 观赏类家具

所谓观赏类家具是指在使用中更多的起到装饰功能，以满足在室内环境中人们审美需求的一类家具，可单独成艺术品。这类家具的实用性被弱化，而审美性相应加强。有时，一件或一组家具放在酒店空间里，能形成丰富的景观视觉效果。如现代仿古家具具有实用与观赏功能。人们欣赏它时体会着它们所创造的韵律和现代艺术美，如图 5-98 所示。

2) 民族文化类家具

陈设设计师应对生活有深刻的理解，对各国、各民族文化有深入的了解，汲取不同民族文化的精华，创造新作品。如我国的明式家具，以简练、挺拔、富于力度的优美造型，成为世界家具大家族中的一块耀眼的瑰宝，很多酒店使用了明式家具，如图 5-99 和图 5-100 所示。

图 5-98　新东南亚酒店大堂

图 5-99　大理兰林阁酒店

图 5-100 文韬酒店大堂

3) 新材料的应用

产品的舒适感取决于材料的选择。选择好材料后，要考虑的是怎样使用。材料搭配是关键，因为不同的市场有不同的需求和喜好，比如，德国人喜欢沙发硬一点，而意大利人则偏爱柔软的感觉。所以，即使是面料相同的沙发，其内在材质也会有所不同。随着生态设计的出现，人们越来越注重材料的环保。

单纯的满足功能需求的制作只能是产品，只有加入艺术成分，才能拥有长久的生命力。因而，酒店家具陈设设计无论从实用性的角度考虑，还是从艺术性的角度考虑，最终都要表现出出色的层次感和角度感，要最大限度地与其他室内环境设计交叉融合，始终表现出统一与变化。

除此之外，休息区陈设设计还可包括地毯、绿植、织物等，最好还配有液晶等离子显示屏，美观生动，成为大堂一景，如图 5-101 和图 5-102 所示。

图 5-101 大型植物搬入室内

图 5-102　惠州凯宾斯基酒店

5.7.4　酒店餐饮陈设设计

酒店的餐饮项目对于酒店的功能构成及特色性有非常重要的作用。餐饮不仅是为房客提供的配套功能，而且具备社交场所功能、庆典活动功能、咖啡厅及茶馆的休闲功能等，已经成为酒店吸引力的重要部分。

酒店餐饮的基础市场，是房客的自我需求与请客需要。会展商务型酒店，餐饮以接待为主，特色口味与风格、时尚与创新都要特别有吸引力；城市休闲酒店以休闲餐饮及娱乐餐饮为重点，吸引本地城市人群的商务接待与政务接待；风景区度假酒店则以综合娱乐游乐餐饮为特色，往往对客人有很大吸引力。

酒店的餐饮空间设计应注意以下几个方面。

1. 入口陈设设计

入口是顾客从酒店大堂进入餐厅就餐的过渡空间，也是留给顾客第一印象的场所。因此，门厅装饰一般较为华丽，且与大堂设计风格一致。根据门厅的大小，一般可选择设置迎宾台、顾客休息区、餐厅特色简介等。还可结合楼梯设置灯光喷泉水池或装饰小景，如图 5-103 和图 5-104 所示。

2. 餐厅陈设设计

餐厅陈设设计应遵循以下几个原则。

(1) 在餐厅中应以灵活有效的手段（绿化、帷幔等）来划分和限定各个不同的用餐区，以保证各个区域之间的相对独立和减少相互干扰。

(2) 各种功能的餐厅应有与之相适应的餐桌椅的布置方式和相应的装饰风格。

(3) 色彩搭配应建立在统一的装饰风格基础之上，如西餐厅的陈设物色彩应典雅、明快，以浅色调为主；而中餐厅的陈设物则相对热烈、华贵，以较重的色调为主。除此之外，还应考虑采用能增进食欲的暖色调，以保持舒适、欢快的心情，如图 5-105 和图 5-106 所示。

3. 卫生间陈设设计

卫生间陈设设计应遵循以下几个原则。

(1) 顾客卫生间可用少量艺术品或古玩点缀，以提高卫生间的档次。

(2) 顾客卫生间、工作人员卫生间设置标识。

(3) 配备相应的保洁设施，以确保卫生间的环境质量。

图 5-103 三亚亚龙湾瑞吉度假酒店

图 5-104 观赏陈设装饰设计

图 5-105　酒店西式餐厅

图 5-106　酒店中式餐厅

5.7.5　酒店客房陈设设计

客房作为酒店服务的根本，也是酒店收入的主要来源，所以其设计就显得极为重要。酒店客房的陈设设计秉承以客人为上帝的服务理念，结合当地文化特色，把客房投资、地毯、家具、灯具的设计或选择、窗帘的选择、洁具的选择等作为设计要素。

1. 入口通道陈设设计

一般情况下入口通道部分设有衣柜、酒柜、穿衣镜等。在陈设设计时要注意以下几个问题。

(1) 地面最好不使用地毯。因为某些客人会开着卫生间的门冲凉或洗手，水会溅出或由客人的头发等带出，容易使地毯老化。

(2) 衣柜的门不要发出开启或滑动的噪音，轨道要用铝质或钢质的。目前流行采用一开衣柜门、衣柜内的灯就亮的设计手法，其实这是危险的，衣柜内的灯最好有独立的控制开关，不然，会留下火灾或触电的隐患。

(3) 保险箱如在衣柜里，不宜设计得太高，以客人完全下蹲能使用为宜，千万不要设计在弯腰的地方，不然客人会感到疲累。

(4) 穿衣镜最好不要设在门上，因为镜子会增加门的重量。穿衣镜最好设计在卫生间门边的墙上。

(5) 柜后的镜子要选用防雾镜，因为烧开水的水会产生雾气。

(6) 天花上的灯最好选用带磨砂玻璃罩的节能筒灯，如此，不会产生眩光。

客房的入口与通道设计如图5-107所示。

图 5-107　客房的入口与通道

2. 卫生间陈设设计

客房卫生间陈设设计应注意以下几个方面的问题。

(1) 选用抽水力大的静音的马桶，淋浴的设施不要选用太复杂的，而要选用客人常用的和易于操作的设备，有的因为太复杂或太新奇，客人不会使用或使用不当而造成伤害。

(2) 水龙头的水冲力不要太大，要选用轻柔出水、出水面较宽的水龙头，有时水流太猛，会溅到客人的裤子上，而造成客人一时的不便和不悦。

(3) 镜子要防雾，并且镜面要大，因为卫生间一般较小，由于镜面反射的缘故，而使空间在视觉上和心理上显得宽敞。卫生间巧用镜子会起到意想不到的效果。

(4) 卫生间的电话要安放在马桶与洗手台之间，以免被淋浴的水冲到。

(5) 镜前灯要有防眩光的装置，天花中间的筒灯最好选用有磨砂玻璃罩的。

(6) 淋浴房的地面要做防滑设计，浴缸也可选择有防滑设计的浴缸，防滑垫也是必须配备的。

(7) 配以相应的绿色植物，以净化空气。

客房卫生间设计如图 5-108 所示。

图 5-108　客房卫生间

3. 客房陈设设计

客房陈设设计应注意以下几个方面的问题。

(1) 床的摆放位置应注意离卫生间的门不得小于 200cm，要给服务员留有一定的操作空间。

(2) 客房的地毯选用应注意耐用、防污、防火、防虫，尽可能不要用浅色或纯色的。

(3) 客房家具的角最好都是钝角或圆角的，这样不会给入住宾客带来身体伤害。

(4) 窗帘的选择上，轨道一定要选耐用、不易折断的材料，遮光布要选遮光性较好的，帘布的皱褶要适当，而且要选用能水洗的材料，若只能干洗的话，运营成本会增加。

(5) 床头灯的选择要注意选择漫反射材料的灯罩，既要防眩光，也要经久耐用。

(6) 插座的设计要考虑手机的充电使用，这往往是很多酒店客房设计所忽略的。

(7) 房间的灯光控制当前较流行的是各个按钮控制，而不是从前的触摸式电子控制板。

(8) 艺术品如挂画，最好选用原创的国画或油画，不管水平高低，总比电脑打印的装饰画值得一挂，并从侧面体现酒店管理者的品位。

(9) 行李台的设计往往不受重视，很多酒店客房内行李台的木质台边的漆被撞得凹凸不平，若采用这样的行李台，其软包部分最后应由平面转到立面上来，并且有 50cm 左右的厚度，可防止行李箱的碰撞；也可采用活动式的行李架，但墙壁上要做好防撞的设计。有的酒店的防撞板是 18mm 的厚玻璃，既新颖、有个性，又实用。

(10) 电脑上网线路的布置要考虑周到，插座的位置不要离写字台太远，拖得太长的连接线也显得不是那么雅观。陈设设计师要学会站在管理者、宾客的角度上去分析问题、理解问题，才能营造出能为客人提供至尊服务的酒店客房。总之，一个精致的酒店空间陈设设计每一个环节都很重要，需要酒店业主及设计师等各方共同对每一个细节都加以研究与把握。客房陈设设计如图 5-109 所示。

(a)

(b)

图 5-109　客房陈设设计

5.8　会所空间的陈设设计

　　会所，也称俱乐部、沙龙，是进行社会文化、艺术、娱乐等活动，采用封闭、半封闭式或开放式经营，促进社群交往的一种场所，不同种类、不同性质的会所根据其使用者的需求，提供能够满足使用者个性化要求的服务。会所是集餐饮、会客、社交于一体的综合性服务场所。

5.8.1 会所的性质与功能

会所一般分两大类：一是商业性会所，称为商务会所；二是小区居民的文化活动中心，称为休闲会所，如图 5-31、图 5-32 所示。

会所最初出现在西方一些发达国家的中心城市和居住区，是由于商业活动的需要而出现的给外来客商提供办公、聚会、交易、运动、休闲等具有综合性功能的场所，这一类会所被称为商务会所。会所与酒店的区别在于它具有更多的使用功能，有的甚至设有高尔夫推杆练习场 (包括室内、室外)、高尔夫练习场、高尔夫球场、游泳池和保龄球馆等。

目前市场上所存在的会所，从经营性质及使用范围上归纳起来大体包含以下几个部分：休闲娱乐、商务洽谈、餐饮购物、文化传播。

(1) 休闲娱乐主要的功能是为大众性的娱乐交谊提供场所，会所的休闲娱乐部分包括舞厅、KTV、棋牌室、酒吧等。

(2) 商务洽谈主要的功能是为高端精英群体的商务交流、商务办公提供场所，会所的商务洽谈部分包括会议室、多媒体室、雪茄吧等。

(3) 餐饮购物主要的功能是为大众的餐饮和购物提供场所，会所的餐饮购物部分包括小型风味餐厅、快餐店、咖啡厅、小型超市、鲜花礼品店、书店等。

(4) 文化传播主要的功能是作为社会教化职能，提高全民素质。会所的文化传播部分包括阅览室、展厅、各类工作室 (美术、书法、音乐舞蹈) 等。

随着大众的休闲娱乐需求日益旺盛，市场涌现出更多投资机会和发展空间，也促使各类会所日趋多样化、大众化。商务会所和文教会所不再局限于特定目标服务，纷纷发展大众消费型会所，文教会所从基本配套设施发展成为激活现代商业地产开发的新元素。总体来说，我国的会所呈现出多样性、交叉性的发展趋势，如图 5-110 所示。

图 5-110　3D 会所装修展示室内陈设模型图

如图 5-111 所示的休闲会所陈设装饰设计方案阐释了设计师对中国古文化的深度认识与理解以及对空间的意境的把握，并将自然而又自在地呈现给前来享受的客人。

图 5-111　休闲会所陈设装饰设计

如图 5-112 所示的商业会所陈设装饰设计，色彩上以红黄为主体色，红色是有活力、积极向上、进步且文明的象征。表现形式以直线与弧线相结合，彰显时代气息，像竹子虽不粗壮但却正直，外直中通襟怀若谷。交流区以竹为设计主体，体现民族气节，走廊设计的亮点在于绚丽灯具的选用，点缀出环境的脱俗气质。

图 5-112　商之梦商业会所 3D 图

5.8.2　会所陈设设计的三大主题

会所原来是一个舶来品，意思是身份不凡的人士聚会的场所。演变至今，会所的含义就是以所在物业业主为主要服务对象的综合性高级康体娱乐服务设施。

当下室内设计主要以三大方面的主题为主导，即文化主题、时代主题、地域主题。

1. 文化主题

当今人们越来越多地从文化性方向来寻找设计灵感的来源，讲究文脉的传承和在具体方案中的更新和创造。室内空间中的文化性主题，指的是追寻一种能够把时代精神和传统历史文脉两者有机融合，实现在室内空间设计上既能体现出传统文脉的传承又能符合当代人的审美需求。而当代室内空间设计的文化性表达，指的是在满足空间自带功能形式需求的基础上，创造与其所在地的人文自然相符合的室内设计的内容和形式，从而散发其空间的独特魅力。没有文化底蕴的设计是苍白无力的设计，只有在设计中注入了文化内涵，才会使室内空间环境具有无穷的生命力，如图 5-113 和图 5-114 所示。

图 5-113　休闲会所，书画的运用增添了室内环境素雅的文化气氛

图 5-114　商业会所，钢琴的运用增添了环境高雅的文化气息

2. 时代主题

随着科学技术的加速发展，人们的生活与工作发生了巨大变化，世界的面貌也发生了根本性的变化。这些变化都给人的生理及心理造成了巨大的压力。因此，我们应该结合这些显著的时代特征，进行室内设计的创作。室内设计的时代性包括以下几种含义：室内设计适应当

代室内设计理念的变化，表现时代特质，构建适应当代生活的室内空间；在强调创新自由度的同时保证室内作品的合理性和精确性；采取现代化的科技手段和构造方式，创造舒适、实用、可持续的室内空间环境。室内空间设计已进入了以体验为中心的新时期，当代室内设计越来越注重人的情感体验，注重扩展人们的生活经验、经历和感受，参与性、偶发性、多义性成为时代性的特征。

如图 5-115 所示的休闲会所，以线的均匀排列贯穿整个设计，非常整体且富有时代感。

图 5-115　休闲会所

如图 5-116 所示的休闲娱乐会所，在设计上以增强空间的立体感与节奏感为主线并始终贯穿娱乐会所各个区域。

图 5-116　休闲娱乐会所

3. 地域主题

地域性主题中的地域指的是不同地区的人们在长期生产、生活以及在社会历史前进中沉淀而成的文化形态、社会习俗、生产生活方式等内容，以其典型性、独特性、稳定性与其他地域相区别。

地域性有如下几个特征：第一，地域性具有显著的地方性；第二，地域性形成的过程是漫长的；第三，地域具有兼容性。

室内设计的地域性表达方式有多种，室内空间的布局、形体模式、空间构造方式乃至材料选择都与地域性息息相关。室内设计的地域性表达常采取空间叙事的方式，依据灿烂的地域历史和人文特征，采用整体式思维和组合式形态，创造具有地域特色的空间氛围。

会所与环境有着独特的建筑个性与空间序列特征，建筑师应根据当地的地理特征、历史传统、居民的行为活动特点，以人为本，创造高质量的休闲环境。

会所作为蓬勃发展的新时代产物，其时代性、社会性和服务性是装饰设计功能的重要影响要素。由于各地不同的风俗习惯，会所设计的形式以及会所的面积大小、位置、用料、风格也各不相同。尽管如此，所有的会所设计都需要注重三大设计要素：尊贵、独特、和谐。因而会所内的陈设设计也必须遵循这三大要素来进行，达到与整体环境的和谐统一。

如图 5-117 所示的休闲会所，以相关陶瓷艺术陈设品作为设计元素。

如图 5-118 所示的休闲会所，用中国书画作品作为会所的室内陈设设计元素。

图 5-117　休闲会所

图 5-118　休闲会所

5.8.3　会所陈设设计的方法

会所是聚会交流的场所。它的主要功能是活动、聚会交流、餐饮及休闲保健。会所陈设设计的方法主要有以下几种。

（1）装饰陈设是会所空间设计的一个重要组成部分，也是对会所空间组织的再创造。装饰陈设是各种装饰要素的有机组合，对整个会所风格起到画龙点睛的点缀作用。装饰陈设能直接反映当地的人文、地域特征，在某种意义上还能提高会所的文化氛围和艺术感染力。装饰陈设包括：家具的陈设、织物的式样、艺术品摆放、绿化植物陈设、灯饰配置等。

（2）在空间陈设设计中，选用一些平时我们耳熟能详的物件用在陈设装饰中，往往能取得令人耳目一新的效果。这些材料并非常规性材料，常见的有：鹅卵石、清水混凝土、旧报纸、染色的枯枝、废旧的车轮、管子、各色贝壳等。它们一般在局部使用，可以取得出奇制胜的效果。

会所要注重文化元素的运用。会所是人们工作之余去的场所，人们在此聚会、用餐、康体、欣赏表演、松弛身心，进行情感交流。相对来说，人们需要置身于一个低调而文化氛围浓郁的环境中，来领悟历史，沐浴文化，愉悦身心。根据其使用功能，环境空间设计中可以适当地配置一些字、画、书籍，甚或陈放一台钢琴、古筝于一隅，创造一个肃穆、静谧的场所，为休闲者提供一个心灵放松的环境，如图 5-119～图 5-126 所示。

图 5-119　时尚娱乐会所空间设计

图 5-120　商业空间设计

图 5-121　寻茶会所（香港战神装饰陈设顾问有限公司作品）

图 5-122　寻茶会所（香港战神装饰陈设顾问有限公司作品）

图 5-123　寻茶会所（香港战神装饰陈设顾问有限公司作品）

图 5-124　柏悦汇会所（潘鸿彬获奖设计作品）

图 5-125　柏悦汇会所（潘鸿彬获奖设计作品）

图 5-126　漳州长泰龙津商业会馆

会所是商品经济的产物，它在满足作为不同类型场所的功能的同时，体现某种个性化的精神面貌或者蕴含着传统特征、文化要素甚至地域风俗等丰富的内涵，更成为一种精神领域上的积极传承与重现。对会所这种特定场所的室内设计不仅要为人们提供高品质的生活配套服务，设计师还应该对会所的可持续发展进行思考。当今人们的物质生活环境每天都在发生巨大的变化，人们对于自己的精神生活有了更高的要求，会所作为人们生活交往的公共空间场所之一，只有在其空间设计上不断创新，才能满足人们的需求。

　　本章内容非常繁杂，读者学习的时候一定要厘清头绪。本章利用大量的图片以及系统而简练的理论，对居住空间、餐饮空间、娱乐空间、办公空间、酒店空间、会所空间的陈设设计的运用与方法以及设计流程作了基本介绍，为以后学习室内设计课程作了一个很好的铺垫。

　　1. 用一套户型方案，做一个家庭空间和一个休闲空间的室内陈设设计，并能够提供一份简单的报价单。
　　2. 进行市场调研，收集各类室内空间案例，为以后的室内设计打好基础。

参 考 文 献

1．刘芳．室内陈设设计与实训．长沙：中南大学出版社，2013

2．潘吾华．室内陈设艺术设计．第3版．北京：中国建筑工业出版社，2013

3．邬烈炎．酒店空间设计．合肥：合肥工业大学出版社，2013

4．郝大鹏．室内设计方法．重庆：西南师范大学出版社，2000

5．张绮曼，郑曙旸．室内设计资料集．北京：中国建筑工业出版社，2005

6．邵龙，赵晓武．走进人性化空间——室内空间环境的再创造．石家庄：河北美术出版社，2003

7．高阳．中国传统装饰与现代设计．福州：福建美术出版社，2008

8．邵伟华．现代住宅风水．郑州：中州古籍出版社，2009

9．[美]莎伦·斯坦尼．办公室风水．哈尔滨：黑龙江科学技术出版社，2008

10．王深法．风水与人居环境．北京：中国环境科学出版社，2003

后 记

除了特殊人群（户外工作者，探险家）以外，人的一生绝大部分都是在室内度过的。从家庭到自己工作的公共环境，二点成一线，周而复始。温馨舒适的家园，让心灵与身体找到憩息的港湾，使人愉悦欢乐、身体健康；氛围惬意的工作环境，让人神清气爽、精力迸发，工作效率倍增。家居和工作的室内环境直接关系到人们的生活质量、人身安全、生理健康等诸多方面，可见室内设计及室内陈设设计是何等的重要。

随着我国高职教育事业的蓬勃发展，室内陈设设计在室内设计中的重要性进一步增强，专业性更为突出，根据这一实际情况，从培训室内陈设设计专业人才的目的出发，笔者编纂了本书。笔者力图使这本小册子具有启迪性、应用性，从篇章结构到文字图片都注重理论与实训相结合，强化可操作性。

由于编者水平所限，加上编写时间仓促，本书难免存在错误与疏漏，敬望大家不吝赐教，读者批评指正，以求本书更臻完善。

编 者
于会龙山阴之隅